煤矿职工行为隐患 RSAE 闭环管控体系研究与应用

马俊鹏　李庆良　主编

应急管理出版社

· 北　京 ·

图书在版编目（CIP）数据

煤矿职工行为隐患 RSAE 闭环管控体系研究与应用/马俊鹏，
李庆良主编. －－北京：应急管理出版社，2020

ISBN 978 - 7 - 5020 - 8287 - 1

Ⅰ. ①煤…　Ⅱ. ①马…　②李…　Ⅲ. ①煤矿—安全隐患—管理
控制Ⅳ. ①TD7

中国版本图书馆 CIP 数据核字（2020）第 160262 号

煤矿职工行为隐患 RSAE 闭环管控体系研究与应用

主　　编	马俊鹏　李庆良
责任编辑	成联君
责任校对	赵　盼
封面设计	于春颖

出版发行	应急管理出版社（北京市朝阳区芍药居 35 号　100029）
电　　话	010 - 84657898（总编室）　010 - 84657880（读者服务部）
网　　址	www. cciph. com. cn
印　　刷	北京建宏印刷有限公司
经　　销	全国新华书店

开　　本	710mm×1000mm$^1/_{16}$　印张　$14^1/_4$　字数　262 千字
版　　次	2020 年 9 月第 1 版　2020 年 9 月第 1 次印刷
社内编号	20200962　　　　　　定价　50.00 元

编 委 会

前　　言

　　安全是当今世界普遍关注的重大课题，也是现阶段我国工业安全生产亟需解决的重大问题之一。其中，人的行为安全管理是企业安全管理的重要内容。行为安全管理从20世纪80年代逐渐被社会重视，其相关理论和方法得到了迅速发展，并在行业生产管理实践中逐步得以应用。行为安全管理是一个系统化工程，其目的是减少安全事故与人员、财产损失，方法是强化安全行为规范与消除不安全行为。在实际生产中，大多数安全事故是由于人的不安全行为引起的，所以，行为安全管理的重点一般以预防不安全行为为主。行为安全管理的核心是针对不安全行为进行观察和分析，分析不安全行为的影响因素，辨识其存在的隐患特征，制定控制策略措施并采取整改行动，以干扰或介入的方式促使人们认识不安全行为的危害，最终降低不安全行为出现的频率，减少安全事故的发生。

　　无论是在教育、医疗等人员集中行业，还是在矿业系统、电力系统等作业环境特殊的行业，行为安全管理显得尤为重要。其中，我国煤矿安全生产因其特殊的工作条件面临着严峻的形势。总结煤矿事故的发生原因有多方面，但人的不安全行为是其重要致因因素，预防与控制职工不安全行为对于降低煤矿事故的发生概率、提高安全生产水平，有着十分重要而又不可代替的作用。

　　煤矿事故多发的关键在于人的不安全行为，而人的不安全行为往往受到心理状态的影响。近年来，国内外很多煤矿安全生产科研工作者和安全管理部门越来越重视安全心理对煤矿安全生产和员工安全行为的影响，积极投身于煤矿安全心理学的研究。本书基于心理、行为

1

科学理论以及分级管控理论、激励理论等，结合双重预防机制内涵，辨识、评价矿工显性及隐性的行为隐患特征，首次构建了 HFACS - CM 煤矿职工不安全行为模型，结合 AHP 方法确定了煤矿职工不安全行为因素权重，进而更有针对性地提出改进措施，完善安全管理、监管体系。基于贝叶斯网络理论建立了职工行为心理测评指标体系，研究职工不安全行为的影响因素与产生机制，并对 4 个一级节点指标和 13 个二级节点指标进行概率分析，得到了心理健康、意志力、压力承受、挫折承受能力和社会交往是影响煤矿职工心理状态的主要因素。依托职工行为隐患辨识识别、分级、考核、帮教与培训全过程控制思想，详细设计构建了行为隐患 RSAE 闭环防控管理体系及相关实施细则。本体系的应用有效提高了兴隆庄煤矿安全管理水平，完善了煤矿安全生产管理方法，对煤矿职工行为隐患进行有针对性的干预，有效降低人因事故的发生，提高煤矿事故预防控制的目的性和有效性，为煤矿职工行为隐患安全管理提供了快捷和科学的防控模式。

在本书撰写过程中，山东科技大学安全与环境学院领导、专家、老师给予了大量指导和大力支持；在现场调研过程中，原兖州集团领导、同事做了大量的调研组织工作。在此，借出版之际，一并致以衷心的感谢！

由于编者水平有限，加之时间仓促，书中疏漏和错误在所难免，敬请各位专家、读者批评、指正。

编　者

2020 年 6 月

2

目　　　录

1 绪 论

煤炭在我国能源结构中占据着主导地位，是国民经济发展的支柱之一。然而，煤炭行业一直是我国工业生产中危险性、死亡率较高的行业之一，由于煤矿在生产过程中面临着煤炭开采工艺复杂、设备繁多、环境恶劣等问题，导致安全生产事故频繁发生，严重威胁着煤矿作业人员的生命安全，从而使煤矿安全问题成为一个备受关注的问题。随着我国经济的快速发展和科技水平的提高，安全政策的不断推出，煤矿信息平台、安全设备等的投入增多，我国的煤矿安全状况有了明显的改善，煤矿百万吨死亡人数逐年降低，但是安全事故隐患仍然存在，煤矿安全生产形势依然不容乐观。为此，各级政府提出并不断推进安全风险分级管控和隐患排查治理双重预防机制，通过安全风险分级管控来减少或消除隐患，同时通过强化隐患排查治理来降低或消除事故发生风险。双重预防机制将风险控制在隐患前面、将隐患消除在事故前面，实现事故的双重预防性工作机制，达到"人、机、环、管"的最佳匹配，从而提高防范和遏制安全生产事故的能力，提升煤矿企业安全管理水平，保证矿井生产的长治久安。据相关学者统计，80%以上的煤矿伤亡事故是由人的不安全行为造成的，如违章指挥、违规作业及违反劳动纪律等不安全行为。由此可知，人的因素是当今我国煤矿事故发生的重要原因之一。因此，开展煤矿安全事故人为因素的分类调查与安全管理，对降低我国煤矿事故的发生率具有非常重要的意义。

兴隆庄煤矿位于储量丰富的兖州煤田，井田面积 $54~km^2$，地质储量 $7.8 \times 10^8~t$，可采储量 $3.8 \times 10^8~t$，主要设备从英国、美国等 8 个国家引进，采掘机械化程度达到了 100%。然而在兴隆庄煤矿生产技术、装备水平不断提升的同时，矿工不安全行为现象屡禁不止，导致煤矿生产依旧存在许多事故隐患。因此，笔者基于行为科学理论、分级管控理论、激励理论等，结合双重预防机制，分析矿工不安全行为的发生规律以及影响因素，研究不安全行为形成机理，在此基础上，构建煤矿 RSAE 闭环管理模式并建立完善运行体系，提出煤矿职工行为隐患管控对策，培养职工良好的行为规范，增强职工思想安全意识和安全技能，以提高煤矿安全管理水平，保障煤矿安全生产，为煤矿管控职工不安全行为提供参考与借鉴。

1.1 国内外研究现状

1.1.1 不安全行为概念研究

对于不安全行为的边界问题目前尚无统一的结论，人们通常倾向于将危险行为等同于不安全行为，但危险或不安全本身就是一种潜在的、难以统一衡量的状态。因此，在不安全行为的界定上范围宽泛，通常将违章行为、人因失误、人的可靠性等方面都归结为不安全行为，并且由于各个行业特点及研究侧重点不同，具体概念上没有统一。

有研究将不安全行为定义为对既定标准、程序的一种偏离，只要行为人的实际行为超越了事前既定的准则，便视为不安全行为。任何一种行为，若是偏离已建立的、要求的或预期的行为标准，造成不必要的或不利的时间延长、困难、难题、意外、失败等，都可以称为不安全行为。与此相类似，美国安全工程协会将不安全行为定义为与正常、正确、可接受程序背道而驰的一种行为，此行为可能造成人员伤亡及机械设备损坏，也可能成为潜在的危险因素，甚至导致事故发生；Brown 等认为，不安全行为是工作者的行为逾越组织的安全规范，展现出高于组织设定的风险标准的行为，即偏离组织已建立的、要求的或预期的行为准则；Tetsu Moriyama 等在研究日本小型企业不安全行为中，将不安全行为定义为超过物所能忍受极限的行为。

由于文化背景和研究视角的不同，国内的学者比较强调行为的后果，包括事故、风险、伤害等。《企业职工伤亡事故分类标准》（GB 6441—1986）将不安全行为定义为能造成事故的人为错误；孙林岩将不安全行为定义为可能提高系统风险性的人为错误；王泰认为不安全行为是操作工人在生产过程中发生的、直接导致事故的人因失误，是人因失误的特例；陈红、祁慧将不安全行为定义为在生产过程中发生的、直接导致事故的人为失误行为，包含缺陷设计、故意违章、管理失误；张跃兵直接将不安全行为定义为事故倾向性行为。

另外，由于人操作失误也可以导致偏离标准和发生危险，从这一角度来看，人员失误行为也是不安全行为。本质上来讲，人因失误是人员本身行为超过系统可接受范围的一种行为，是由于人的技术不足、工作环境不适、管理督导缺失等原因所产生的不当行为，这种不当行为将导致系统异常或意外事故发生。Reason也提出了当人员无法达到期望的结果，且除了人为因素外无法归就于其他原因，便称为人为失误；Hagen 和 May 则将人为失误定义为人员未依要求执行作业，如：未依特定的准确度、未按特定作业流程或迟交而导致设备损坏、财产损失或既定作业延误。Vanderhaegen 将人为失误等同于人员不可靠度，即因人员控制系统时行动不足或错误行为导致系统失效或停摆的概率。可见，人因失误与人的不安全行为在衡量标准上并不存在明显的差异。

1.1.2　不安全行为的影响因素研究

对人的不安全行为影响因素的研究主要可以分为内部和外部两方面。其中内部因素强调人的自身素质，包括生理、心理、能力等方面；外部因素则是指外部环境对人的干扰，主要有组织、管理、物理环境、生活空间和安全文化等方面。

1. 不安全行为的内部影响因素研究

与个体本身相关的因素有人的心理因素（性格、气质、情绪、能力等）、生理因素（生物节律、工作倦怠、疲劳等）以及个体素质（知识水平、技能等）等因素。研究者的切入点不同，对影响因素的选取也不尽相同。

国外学者对人的不安全行为影响因素进行了很多研究。Donald、Young 等人认为，人的不安全行为与其安全态度、安全行为明显相关，并且验证了通过转变安全态度等手段，可以提高组织的整体安全绩效。Yagil 研究了影响道路安全行为的因素，发现行人的行为与其安全意识、心理有关。Geller 对影响建筑工人不安全行为的性格因素进行了研究，发现外向和友善性格因素得分较高的工人容易沟通并遵守相应的安全规定，同时个体的事故倾向性与个体防护措施也与事故率有很大关联。Misama 提出不安全行为和失误多数是同时发生的，同时个人因素、评估费用和无效的安全规则增加了不安全行为的频率，组织因素通过个人因素来间接影响不安全行为。Paul 研究了矿山事故和工伤行为的影响因素，通过结构方程模型来进行检验，事故模型路径分析表明消极情绪、工作不满、冒险行为会增加事故的发生概率。Choudhry 对建筑工人的不安全行为进行研究，得出安全态度、安全认知、工作压力、心理因素、设施条件、安全培训和教育、安全管理等因素与不安全行为有关。Goncalves 研究提出工伤事故经历与外部原因和不安全行为正相关，与内部原因负相关。Morrow 研究了铁路行业工人安全心理观念与安全行为之间的关系，并从管理安全感、工作安全感、工作紧张感等安全心理观念的三个方面对安全行为影响关系进行研究，得出工作紧张感与安全行为显著相关。Rowden 利用 SEM 模型验证驾驶者的生活压力、工作压力、驾驶环境压力三种压力因素对道路行驶不安全行为的作用。

近年来，国内学者对人的不安全行为影响因素也做了许多研究。曹庆仁认为学习对不安全行为产生影响，提出了经典条件反射式学习、操作性条件反射式学习和观察学习三种方式来干预不安全行为。苑红伟、肖贵平从心理角度对道路行人的不安全行为进行分析，认为行人交通安全意识淡薄、性别、年龄和有无驾照对行人交通安全意识有重要影响。李乃文、牛莉霞建立了矿工工作倦怠、不安全心理与不安全行为之间的关系模型，结果表明情感耗竭作用、临时心理对不安全行为影响最大。田水承、郭彬彬等研究了井下作业人员的个体因素、工作压力与

3

不安全行为之间的关系，并建立了结构方程模型，结果发现工人的知识状态对不安全行为影响最大。赵泓超将矿工不安全行为的影响因素分为管理、心理、生理、环境、文化五类，并对影响安全行为的心理进行了模拟实验。张孟春、方东平分析了建筑工人不安全行为的认知机理，认为造成工人不安全行为的最主要原因是环节失效。梁振东、刘海滨研究了个体特征因素对不安全意向和行为之间的关系并建立结构方程模型，结果表明事故经历对不安全行为意向相关最为显著。刘双跃、江飞等对某煤业公司通风专业各工种三年的"三违"情况进行了统计分析，得出通风设施工、打钻工、瓦斯检查员、爆破工、风筒工最易发生"三违"行为。

2. 不安全行为的外部影响因素研究

20世纪末，国内外许多专家不再满足于仅仅研究个体影响因素，逐步向更深层次的影响因素摸索，研究方向转向组织管理、群体因素、安全氛围、社会因素等方面。Eagly认为，个体行为不单受到个体态度的影响，还受社会规范和习俗等社会因素的影响。个体行为的复杂性要求在研究个体的不安全行为时还应考虑不同行为之间的联系，深入研究影响不安全行为的群体因素、组织因素和社会因素。Simard提出影响基层或班组主动采取安全措施的因素可分为微观组织因素和宏观组织因素。Hdmrdch对飞行事故进行了研究，提出沟通、合作和决策等团队因素的缺陷是不安全行为的原因。DePasquale等在研究BBS过程中发现，很多变量可以影响不安全行为，如员工对管理层能力的信任度等。Jane Mullen通过探索性因素分析发现，一些组织因素和社会因素能够解释个体不安全行为产生的原因，这些因素包括群体的安全态度、超负荷的作业、生产重于安全的感知、社会化的影响等。Zohar认为班组长对员工的不安全行为有直接影响。

在我国，王启明提出了完善监管体制、加强立法工作、强化对非公有制小矿山的安全监督管理等多种对策措施。余国华通过采用实证研究的方法找出了导致矿山事故发生的本质原因。王祥尧根据非煤矿山人、机、环境、管理4个方面的特点，提出非煤矿山安全生产保障管理指标体系。周维新比较分析了国内外矿山安全生产立法、执法等情况，总结出我国矿山安全监察法律制度在立法执法方面的不足。张力、宋洪等认为影响操作员认知行为的组织因素有组织文化、规程、培训、交流、组织结构、监督检查、环境等7个方面，并认为培训和安全文化对认知行为影响最为显著。肖东生将影响核电站安全的组织因素分为外部影响因素和过程影响因素，建立了组织战略、组织结构、组织管理因素与安全文化因素对核电站安全影响的结构方程。曹庆仁、李凯等研究了管理者的设计行为和管理行为对矿工不安全行为的影响，结果显示设计行为对管理行为存在正向的显著影响，并通过管理行为对矿工安全知识和安全动机产生影响。张舒认为矿山企业管理者安全行为对企业安全行为绩效的影响作用为正相关，同时社会因素对管理者安全行为的影响作用为正相关。梁振东分析了影响工人不安全行为的组织及环境因素，采用因子分析建立了组织环境因素对不安全行为意向及行为的结构方程模型，结果显示违章惩罚对不安全行为意向的影响最大，工作压力对不安全行为的影响最大。林文闻、黄淑萍研究了运营特征、人力资源、安全文化等组织因素对船员疲劳的影响。

1.1.3 不安全行为的管理对策研究

1979 年，英国的 Gene Earnest 和 Jim Palmer 提出了行为安全管理的概念。行为安全成为重要的研究对象，研究人员结合行为学、心理学、社会学等学科，分析职工的行为模式及其影响因素，预控职工的安全行为，以提高企业的安全生产水平。Denise J. Fellner 等通过一个造纸企业的研究发现，对员工安全行为的干预、反馈可以大大减少员工不安全行为发生的概率；Teerry E. Mc Sween 提出以价值为基础的行为安全流程管理（Values – Based Safety Process，VBSP）干预方法，通过明确任务、建立安全行为观察流程、设计反馈和参与流程、制定计划、筹划培训及管理审核六个步骤来实施 VBSP 流程；Iraj Mohammad Fam 通过对伊朗汽车制造企业员工的研究发现，工作压力和不安全行为之间具有密切的关系，提出减少员工的工作压力来控制人的不安全行为，以减少事故的发生。英国保健安全委员会核设施咨询委员会（HSCACSN）提出了文化干预法，通过构建相互信任、共享安全的安全文化达到心理干预的目的；杜邦公司提出了 STOP 行为干预方法，主张通过安全、训练、观察、程序四个步骤来对行为进行矫正干预。

还有研究者从组织管理角度提出对不安全行为进行控制。Paul H. P. Yeowa 和 David T. Goomas 提出了一种基于结果和行为的安全管理模式（OBBSIP）。Li S，Wang Y，Liu Q 构建了包含行为选择、监测以及控制强度的博弈模型，认为监测和控制强度的提升能有效地控制矿工的不安全行为。另外，罚款曾被认为是煤矿管理者治理矿工不安全行为的有效措施，Joseph H. Saleh 和 Wayne B. Gray 的研究表明：处罚可以预防伤害，处罚的数量提高 10%，伤害率可以下降 1.61%；处罚的额度提高 10%，伤害率可以下降 0.93%，并且处罚的严厉性与确定性对伤害率是有影响的。田水承的 SD 模型仿真结果显示，矿工在控制不安全行为上更多关注的是同事间的帮助而不是罚款，相对于处罚，奖励或正向的回馈对安全行为的促进效果更好，会产生比较正向的安全绩效与结果，以惩罚为主的中国煤矿现有行为管理方法应随企业发展而实时调整。此外，傅贵基于行为科学提出了组织安全管理方案模型，认为安全文化、组织结构和安全方法是组织安全管理方案的主要模块；胡晓娟、吴超提出通过心理特性研究法来分析人和了解人的心理活动，从而最大限度地对人的不安全行为进行控制和干预，减少事故的发生。任玉辉基于风险预控思想，提出了煤矿员工行为风险预控的内容，并引入了 ABC

行为分析原理，按照"观察—纠正—再观察—再纠正"的思路，将其应用到煤矿员工行为预控管理中。

1.2 主要研究内容与方法

1.2.1 主要研究内容

本书基于心理、行为科学理论以及分级管控理论、激励理论等，结合双重预防机制内涵，辨识、评价矿工显性及隐性的行为隐患特征，建立职工行为心理测评指标体系，研究职工不安全行为的影响因素与产生机制，设计构建行为隐患 RSAE 闭环管控体系，为煤矿职工行为隐患安全管理提供快捷和科学的管控模式。具体内容如下：

（1）通过科学、客观、标准的测量技术制定煤矿职工行为心理测评量表及评分规则，基于测评量化结果构建行为隐患评价预测模型，对职工的特定素质、心理状态等进行系统测量、分析、评价。

（2）建立职工行为心理测评数据库，基于贝叶斯网络开发职工行为心理测评数据平台，进行职工行为心理评价与分析，并结合不安全行为统计结果，校验完善行为隐患评价预测模型，提高分析评价的准确性。

（3）构建 HFACS - CM 模型，对煤矿职工的不安全行为及影响不安全行为的外部因素、组织影响、领导行为及前提条件进行深入分类、研究，并运用层次分析方法研究煤矿职工不安全行为及其影响因素的重要性。

（4）结合煤矿职工行为隐患实际情况，建立行为隐患分级与量化管控机制以及个人、部门的行为考核准则，提高职工安全行为规范化，加强员工安全生产的责任心，有效提高了安全生产管理水平。

（5）结合戴明循环理论与不安全行为的形成机理，设计构建煤矿职工行为隐患 RSAE 闭环管控体系，进行职工行为隐患识别、分级、考核与帮教管控，及时辨识、评价职工的行为隐患，并开展有效的教育培训，进而避免不安全行为的产生，遏制事故的发生。

1.2.2 研究方法与技术路线

本书主要采用了文献综述法、现场调研法以及理论研究法等多种方法结合进行调研。具体研究方法如下：

（1）文献综述法：分析国内外有关人的安全行为、安全管理方面的相关文献，重点对矿山人因因素的资料进行全面地整理、分析，形成成文基础。

（2）现场调研法：对兖州煤业股份有限公司兴隆庄煤矿进行实地考察，搜集近年来（2016—2019 年）煤矿职工行为隐患资料，全面、准确地对煤矿职工不安全行为进行分析和探讨。

（3）理论研究法：深入研究行为科学理论、精细化管理理论、安全激励理论及积分制管理，为煤矿职工行为管控体系形成奠定一定的基础。

本书采用的技术研究路线如图 1-1 所示。

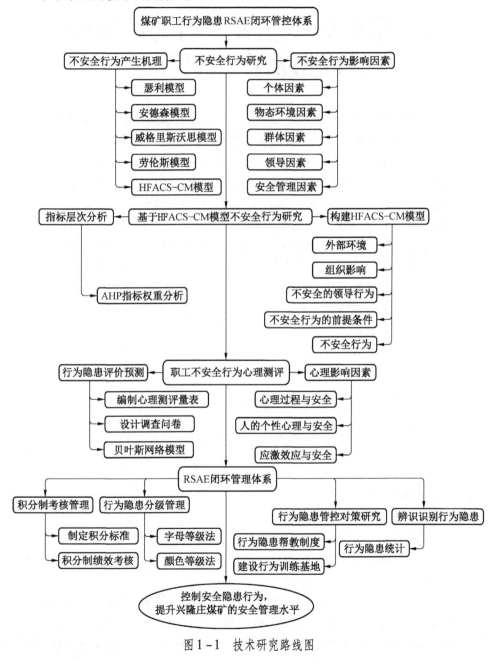

图 1-1 技术研究路线图

2 煤矿职工不安全行为的影响因素及产生机理

在事故致因中，人的因素具有重要的作用，尽管事故是由于人的不安全行为和物的不安全状态共同造成的。但起主导作用的始终是人的因素，因为物是人创造的，环境是人能够改变的。所以，在研究事故致因理论时，必须着重对人的因素进行深入的研究。这就出现了事故致因理论的另一个分支，人因事故模型。

人因系统模型主要有 1969 年瑟利提出的瑟利事故模型，1970 年海尔提出的海尔模型，1972 年威格里斯沃思提出的"人失误的一般模型"，1974 年劳伦斯提出的劳伦斯模型，1978 年安德森等人对瑟利模型修正后提出的安德森模型等。

这类事故致因理论都有一个基本的观点，即：人失误会导致事故，而人失误的发生是由于人对外界刺激（信息）的反应失误造成的，而人对外界刺激的反应失误可归结于人的生理因素和心理因素以及一定的社会因素和环境、物的状况；其中生理因素主要包括性别、年龄、视觉、听觉、反应能力、记忆力、观察力、生物节律、疲劳状况等；心理因素主要包括个性心理因素和社会心理因素；社会因素主要包括社会舆论、风俗与时尚等。

2.1 煤矿职工不安全行为的影响因素

将以往专家学者的研究与煤矿职工的作业情况相结合，总结出影响煤矿职工不安全行为的因素分为五个因素，即个体因素、物态环境因素、领导因素、安全管理行为因素以及群体因素。

2.1.1 个体因素

1. 心理因素

心理学的研究领域广泛，研究对象较多。有的研究人员从安全人因工程的角度出发，认为影响职工不安全行为的心理影响因素有性格、能力、动机、情绪和意志等方面。

（1）在煤矿生产生活中，性格对引发事故有着重大的作用。性格优良的职工在受到其他不如意的事情干扰时，也会很好地控制自身的行为，搞好安全工作，避免事故的发生。因此，在一些比较重要的岗位上，对于职工要进行心理测试，检测职工的性格特点，将性格较差的职工调离风险威胁较大的岗位。

（2）情绪稳定性指个体承受压力的能力。积极的情绪稳定性者是平和、自信、安全的；消极的情绪稳定性者是紧张、焦虑、失望和缺乏安全感的。所以，在煤矿生产过程中，消极的情绪稳定性者更容易产生不安全行为。

（3）能力反映了个体在某一工作中完成各项任务的可能性。一个人的能力与他的行为和工作绩效之间有着直接的联系，人的动机和行为是受到能力限制的，是影响组织成员绩效的关键因素。

（4）心理状态是为了在个体的心理中有条件地分解出比较静止的因素所应用的概念，这个概念既不同于那种强调心理的动力因素的"心理过程"概念，也不同于那种能提出个体心理表现的稳定性和它们在个体结构中的固定性和重复性的"心理特征"概念。同样的心理表现可以就不同的方面加以探讨，例如激情作为心理状态是在一定有限的一段时间内身体心理、情绪、认识和行为方面的概括化特征。心理状态可以被看成个体心理特征（急躁性、不能自制性、易怒性）的表现，感情（注意、意志、思维、想象）等表现都属于心理状态。

心理状态包括了在一定时期内，个体各个方面心理指标的综合情况。正因为如此，它反映了个体的心理状况。劳动者的心理状况，会直接影响到他的操作行为的执行情况，所以心理状态对操作行为有重大影响。

2. 生理因素

从事与煤矿生产相关的工作，都对于体力要求很高。而体力的损耗及井下环境的恶劣，会导致一系列危险事故的发生。许多煤矿事故的发生都是由于长期的井下作业导致工作人员休息不足，身体处于疲劳状态，从而引起注意力下降，反应迟缓，甚至自控能力丧失，做出一些不合常规的行为活动。影响职工不安全行为的生理影响因素主要为疲劳程度。

疲劳意味着劳动者身体、生理和心理机能下降，常造成人体无力感、记忆力衰退、注意力下降、感觉失调等。因此，在疲劳状态下常常不能对外界现象做出正常的判断，并使预测事故发生的能力明显降低。交通事故统计分析表明，疲劳驾驶是造成交通死亡事故的主要原因之一。例如，法国交通事故统计表明，因疲劳驾驶发生的车祸占人身伤害事故的 14.9%，占死亡事故的 20.6%。我国对华北高速公路 2001—2004 年发生的事故统计表明，疲劳驾驶引起的事故占总事故的 27%。

从疲劳发生的原因看，主要表现在以下 3 个方面：

（1）睡眠不足。睡眠是维持人体身心功能的最基本的条件之一，但睡眠效果受到诸多因素的影响。通常的时间分法是将一天 24 h 分为 3 个部分，即 8 h 工作，8 h 娱乐，8 h 睡眠。通常认为充分睡眠，可以缓解人在工作一天后的疲劳。

睡眠不足，会引起人员生理疲劳。

（2）过长加班。对于工作任务重、工作压力大的人员，在长时间加班后会有明显的心理疲劳和身体疲劳。

（3）长期倒班。对于需要 24 h 连续生产的工厂、企业，一般采取倒班工作制，在这种工作时间安排制度下，最大的安全隐患，就是由于工作制度本身所导致的工作人员在疲劳状态下作业。

倒班制度会使人体生物钟或必要的休息规律被打破。人的日出而作、日落而息的作息习惯，是在长久的人类进化过程中养成的。研究表明，人自出生以后 3 个月开始，就逐渐形成了较严格的睡眠与觉醒节律，也就是白天觉醒，夜间睡眠。

轮班工作的员工，常常会觉得睡眠不足或者睡眠质量不佳，这种情况会随着倒班频率的增加、员工年龄的增长和睡眠环境的恶化而变得严重。据统计，夜班员工的睡眠时间最短，因为夜班员工常常因为白天的光线、周围嘈杂的环境、烦琐的家务及其他外界干扰而无法睡眠，尤其是年龄较大的员工，白天的睡眠效果更差，主要表现为苏醒次数较多。

轮班工作制度对人的作业能力，有着更严重的影响。有一个煤气工厂对其30 年间在仪表阅读方面发生的失误进行了一次全面统计，30 年发生了 75000 次失误，其中在夜间 3 时发生的失误次数最多。研究结果表明，人的操作作业能力，在一定程度上是和其昼夜觉醒程度的规律相吻合的，如夜班员工在午夜后尿中肾上腺素水平急剧下降，提示员工此时已经处于疲劳状态，很有可能因为未适应班次变动所致，这对从事精细的操作作业、需要有较高的注意力集中度的工作有不利的影响。

轮班工作制度除了在员工进行夜班工作时影响员工的工作兴奋和有效程度，降低工作的安全度和有效度以外，对员工的长期健康也有破坏性的影响。其主要表现为神经系统和消化系统的功能障碍。根据报道，经常处于班次更迭的员工，他的神经系统功能障碍发生率要高出白班员工 3 倍，他的消化系统紊乱状况发生概率高出白班员工 2 倍。而且，由于轮班制员工的睡眠和饮食习惯的改变，其食欲下降的员工要占 35% ~75%，而白班员工只有 5%。

所以，轮班工作制度对人体的影响不仅是心理的，也是生理的，其影响是逐渐的但具有强大的破坏性。轮班工作制度从各个方面影响人体的健康情况；同时也会因为睡眠时间的变化，直接影响到倒班员工的社会交往。而要保证正常的社会交往，包括正常的家庭生活，就会反过来影响倒班员工的睡眠时间。睡眠时间的不足和睡眠质量不高，会使得员工出现长期疲劳乃至过劳的状况。

过劳的时候，人的机体不仅仅在工作期间出现疲劳，而且在睡眠醒来时就有疲劳感觉，在开始工作前就已经感到疲劳。在这种情况下，人常常因情绪不好而感到厌倦、易激怒、好争吵、适应能力变差、无缘无故烦恼、身体衰弱，对疾病的抵抗能力也变得低下。此外，还会出现一系列的功能失调，表现为心律不齐、多汗、盗汗、食欲不振、消化不良、失眠、头疼、头晕等。在过劳的情况下，人很容易对工作产生厌倦、厌烦情绪。在这样的心理状态下，员工对外界刺激的反应变得迟钝低下，精神和体力状况也会下降，在工作中出现注意力涣散、心不在焉等现象，事故发生的可能性最大也最危险。

2.1.2 物态环境因素

煤矿井下不良的环境因素既会损害职工身体健康，也会影响职工的心理状况，进而影响煤矿职工的不安全行为。针对井下特殊的作业环境，笔者认为，影响煤矿职工不安全行为的主要环境因素有照明、噪声、通风、温度和湿度等，并把这些因素归于自然环境因素。此外，作业设备因素也会在一定程度上影响职工的安全行为。

由于煤矿开采多是在井下进行，跟一般工作环境存在着很大的差异。因此设备条件的质量与安全性就尤为重要。设备本身的缺陷或者老化产生的问题都会对安全生产行为造成不利影响。在设备的使用过程中，需要经常检查测试设备的功能性是否完善，对设备进行有序排列，并且配置必要的保护设备等。

1. 环境因素

煤矿井下工作环境特殊，顶板、瓦斯、煤尘、水、火等灾害，时刻威胁着矿工的生命安全。煤矿井下作业环境的特殊性主要表现为：①作业空间狭小，井下巷道、工作面、硐室等空间狭小，狭小空间内矿工的作业方法、作业姿势、心理感受等都会受到影响。②作业环境复杂多变，煤矿井下进行的是多工序、多工种甚至是多方位的作业，生产布局紧凑，而且随着采掘作业的推进，作业空间会发生经常性动态变化，这样一个复杂多变的作业场所容易导致矿工在作业时存在一些行为隐患。③作业环境差，作业空间中存在着过大的噪声、过高或过低的温度、不良的照明、大量煤尘、有毒有害气体等不良的作业微环境因素，矿工长期在这样的环境下工作，不利于矿工的生理、心理健康，从而容易造成行为隐患。

2. 设备因素

煤矿中的机器设备很多，如综采工作面的采煤机、刮板输送机以及液压支架等，还有一些警告显示装置，这些装置对人的行为的影响是很大的，若警告显示装置不好用，比如瓦斯检测仪器或者报警器失效，人们便会产生一些不安全行为。所以要及时完善煤矿现场的一些警告显示装置，包括听觉、视觉、嗅觉、触觉等警告装置。还有就是由于机器本身的设计上存在缺陷也会导致人的不安全行为。在人机系统中，人机相互匹配好是系统的基本原则。机器的性能、维持能力、正常工作能力、判断能力影响着人机系统的稳定性与安全性，同时也制约着人的行为。在人机系统中，对于机器的选择，要最大限度地考虑到人的特性，满足人的生理、心理特点，能够使操作者在安全舒适的环境中作业。

2.1.3 领导因素

领导的概念因时间和研究学科不同而有所区别，很难下一个确切的定义。社会学认为领导是提供一种便利的活动。心理学认为，领导的主要作用是建立有效的激励制度。社会心理学认为领导是一种形式，是对下属进行指挥和控制。管理心理学把领导定义为影响个人或组织在一定条件下实现某一目标的行为过程，致力于实现这一过程的人就是领导人、领导者，致力于实现这一过程的行为就是领导行为。

安全领导是某个人指引和影响其他个人或群体在完成组织任务时，实现安全目标的活动过程。对他人实施影响、致力于实现安全领导过程的人，即为安全领导者。安全领导者在发挥组织功能，保证安全运营，实现安全目标方面具有重要作用。

现代化生产分工明细、协作复杂、流水作业、关系密切，任何一个环节不协调就会影响整个生产过程的进行，就有可能发生事故。安全工作的管理不只是主管安全工作的领导人的事情，而是整个企业所有领导人员的职责。领导的素质水平可以决定企业各方面工作的水平，影响被领导者的素质水平。从安全管理方面来说，领导者可以使职工提高对安全生产重要性的认识，提高生产操作技术，提高安全意识和技术水平，从而确保生产安全地进行。

安全领导力是影响安全行为的重要因素，其中，安全动机和安全关心维度与安全遵守和参与行为有密切的联系，而安全政策对安全遵守行为有积极但并不十分重要的影响。在对企业的领导者、中层管理者、安全专员、安全领导力等进行研究后认为，安全通知、安全关心、安全协调和安全日常管理对于提升企业团队层面的安全文化水平有着积极的作用。

2.1.4 安全管理行为因素

安全管理行为是指在生产过程中为保证安全生产而发生的与安全管理相关的行为统称，它是组织行为的特例，正确、有效的安全管理行为对促进安全生产具有重要的意义，对生产劳动过程中存在的各种不安全的管理过程，就是安全管理行为的发生、发展与持续改进提高的过程，它伴随着生产周期的循环而循环，并不断地改进提高。

安全管理行为是保障企业的安全生产活动正常进行的计划、组织与控制工作活动，它是企业管理基础的、最重要的组成部分。安全管理行为是对安全管理的具体实施，安全管理的根本目的是保护广大职工的安全与健康，防止伤害事故和职业危害。

造成伤亡事故的直接原因概括起来不外乎人的不安全行为和物的不安全状态，然而在这些直接原因的背后还隐藏着若干层次的背景原因，直到最深层的本质原因，即管理上的原因。发生事故以后，人们往往把事故的原因简单地归咎为"违章"二字，殊不知之所以造成违章，还有许多更深层次本质上的原因。找不出这些原因并采取措施加以消除，就难免再次发生类似事故。防止发生事故和职业危害，归根结底应从改进安全管理行为做起。

2.1.5 群体因素

煤矿职工群体安全行为的影响因素主要有群体规模、群体构成、人际关系、群体凝聚力、群体安全功效感、群体规范、群体压力等。

1. 群体规模

群体规模会影响群体的整体行为和绩效。一般群体的规模为 2～16 人，有许多学者根据群体成员是否可以同时对其他各个成员做出反应和进行交往，认为12 人是群体规模的上限。事实证明，小群体比大群体的工作效率更高，而大群体比小群体更能集思广益来解决问题。

2. 群体构成

群体构成是指群体中各个成员所具有的各项个体特征的分布和组成情况。根据群体成员在性别、年龄、个性、专业等方面上的不同，群体的构成可以分成同质结构和异质结构两种类型。同质结构群体是指成员各项个体特征都比较接近的群体。异质结构群体的成员则在各项个体特征方面存在明显差异。一般而言，同质结构群体的成员与异质结构群体的成员相比，容易沟通，冲突较少。

3. 群体规范

群体规范一般分为正式规范和非正式规范。正式规范是写入组织手册，用正式文件明文规定的员工应当遵循的规章制度、行为规则和程序等。非正式规范则是群体自发形成的，不成文的，以习惯、言传身教的方式传承的人们共同接受的行为标准。在煤矿企业当中，从一线职工、技术员到管理层，都有不同的行为规范标准，这些行为规范都会在不同程度上影响职工的安全行为。

4. 群体压力

群体压力是指当群体内个体的想法和意见同群体其他成员相比时出现了不一致的现象，这时个体心理往往会产生压力。适当的群体压力对煤矿职工个体不安全行为来说可以起到积极的引导作用。在煤矿职工群体内部中，群体压力会对于其安全生产氛围起到促进作用，有效地减少煤矿职工不安全行为的发生，避免事故的发生。

5. 群体凝聚力

群体凝聚力是指群体成员之间相互吸引并愿意留在群体之中，为群体承担义务的愿望的强烈程度。群体凝聚力并不是越高越好，只有当群体目标与企业安全目标相一致时，凝聚力的增强才有利于安全目标的实现。相反，群体目标与企业安全目标不一致时，高凝聚力反而会阻碍安全目标的实现。

6. 人际关系

人际关系是人与人之间心理上的关系。良好的人际关系能促进企业群体凝聚力增强，营造良好的安全氛围，促进职工的安全行为。相反，人际关系不和谐时，会影响职工工作的稳定性，导致职工的不安全行为。如果煤矿职工群体成员之间的关系不好，工作过程中发生事故的概率就会增加。因此，人际关系对群体行为的安全影响很大。

2.2 人因系统模型

2.2.1 瑟利事故模型

1969 年，瑟利（J. surry）提出了一种事故模型，以人对信息的处理过程为基础，描述事故发生的因果关系，这一模型称为瑟利事故模型。这种理论认为，人在信息处理过程中出现失误，从而导致人的行为失误，进而引发事故。

瑟利把事故的发生过程分为危险出现和危险释放两个阶段，这两个阶段各自包括一组类似人的信息处理过程，即知觉、认识和行为响应过程。在危险出现阶段，如果人的信息处理的每个环节都正确，危险就能被消除或得到控制；反之，只要任何一个环节出现问题，就会使操作者直接面临危险。在危险释放阶段，如果人的信息处理过程的各个环节都是正确的，则虽然面临着已经显现出来的危险，但仍然可以避免危险释放出来，不会带来伤害或损害；反之，只要任一个环节出错，危险就会转化成伤害或损害。瑟利事故模型如图 2 - 1 所示。

由图 2 - 1 可以看出，两个阶段具有相类似的信息处理过程，每个过程均可被分解成为六个问题。下面以危险出现阶段为例分别介绍这六个问题的含义。

第一个问题：对危险的出现有警告吗？这里警告的意思是指工作环境中是否存在安全运行状态和危险状态之间可被感觉到的差异。如果危险没有带来可被感知的差异，则会使人直接面临该危险。在实际生产中，危险即使存在，也并不一定会直接显现出来。这一问题给我们的启示就是要让不明显的危险状态充分显示出来，这往往要采用一定的技术手段和方法来实现。

第二个问题：感觉到这个警告了吗？这个问题有两方面的含义：一是人的感觉能力如何，如果人的感觉能力差，或者注意力在别处，那么即使有足够明显的警告信号，也可能未被察觉；二是环境对警告信号的"干扰"如何，如果干扰严重，则可能妨碍对危险信息的察觉和接受。根据这个问题得到的启示是：感觉能力存在个体差异，提高感觉能力要依靠经验和训练，同时训练也可以提高操作者抗干扰的能力；在干扰严重的场合，要采用能避开干扰的警告方式（如在噪声大的场所使用光信号或与噪声频率差别较大的声信号）或加大警告信号的强度。

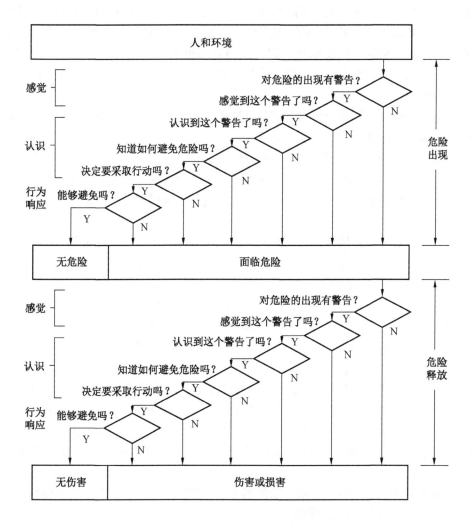

图 2-1 瑟利事故模型

第三个问题：认识到这个警告了吗？这个问题问的是操作者在感觉到警告之后，是否理解了警告所包含的意义。即，操作者将警告信息与自己头脑中已有的知识进行对比，从而识别出危险的存在。

15

第四个问题：知道如何避免危险吗？问的是操作者是否具备避免危险的行为响应的知识和技能。为了使这种知识和技能变得完善和系统，从而更有利于采取正确的行动，操作者应该接受相应的训练和培训。

第五个问题：决定要采取行动吗？表面上看，这个问题毋庸置疑，既然有危险，当然要采取行动。但在实际情况下，人们的行动是受各种动机中的主导动机驱使的，采取行动回避风险的"避险"动机往往与"趋利"动机（如省时、省力、多挣钱、享乐等）交织在一起。当趋利动机成为主导动机时，尽管认识到危险的存在，并且也知道如何避免危险，但操作者仍然会"心存侥幸"而不采取避险行动。

第六个问题：能够避免吗？问的是操作者在做出采取行动的决定后，是否能迅速、敏捷、正确地做出行动上的反应。

上述六个问题中，前两个问题都是与人对信息的感觉有关的，第3~5个问题是与人的认识有关的，最后一个问题是与人的行为响应有关的。这6个问题涵盖了人的信息处理全过程，并且反映了在此过程中有很多发生失误进而导致事故的机会。

瑟利事故模型适用于描述危险局面出现得较慢，如不及时改正则有可能发生事故的情况。对于描述发展迅速的事故，也有一定的参考价值。

2.2.2 威格里斯沃思模型

威格里斯沃思在1972年提出，人失误构成了所有类型事故的基础。他把人失误定义为"（人）错误地或不适当地响应一个外界刺激"。他认为：在生产操作过程中，各种各样的信息不断地作用于操作者的感官，给操作者以"刺激"。若操作者能对刺激做出正确的响应，事故就不会发生；反之，如果错误或不恰当地响应了一个刺激（人失误），就有可能出现危险。危险是否会带来伤害事故，这取决于一些随机因素，即发生伤亡事故的概率。而这种伤亡事故和无伤亡事故又给人以强烈刺激，促使人们对原来的错误行为进行反思，使其树立安全观念，增强安全意识，主动地去掌握安全知识与安全技能，以驾驭系统，提高其安全性。

威格里斯沃思的事故模型可以用图2-2中的流程关系来表示。该模型绘出了人失误导致事故的一般模型。

从这种事故模型出发防止伤亡事故，首先要预先熟悉并掌握来自系统及外界的各种刺激，能够正确辨识系统存在的各种危险因素，例如：声、光、温度、压力、颜色、烟雾等都意味着什么，什么样的信息表示系统正常、什么样的信息表示系统不正常；系统发生过什么事故，什么原因造成的，事故前有哪些征兆等。这就要求行为者有熟练的危险因素辨识能力，特别是对行为者无刺激或刺激力很

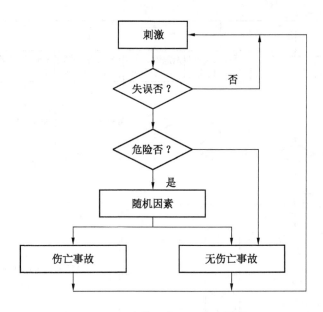

图 2-2 威格里斯沃思事故模型

弱的危险因素，要使其刺激作用加强，使其能够为行为者所辨识。其次，熟练掌握对各种刺激做出正确反应的能力，防止失误发生。因为事故从发现苗头到发生，乃至结束，时间往往都很短，如果没有熟练以至形成条件反射的反应能力，事故来不及控制就已经发生了。这就要求行为者具备很强的事故紧急处理能力。因此，企业除了要进行必要的安全知识、安全技能教育外，还应经常进行紧急事故演练，把危险操作过程中可能出现的各种事故情况都纳入演练内容，使操作者牢记，遇到什么情况应当如何处理，怎样才能把事故消灭在萌芽状态，这样就可以避免一些不必要的事故损失。第三，对于因危险辨识失误、反应错误而不可避免地发展为可能造成人员伤亡的危险因素，则应当从工艺技术、设备结构上考虑防止事故的最后一道防线。同时注重工艺改造、设备更新等，使事故朝无伤亡的方向发展。

尽管这个模型突出了用人的不安全行为来描述事故现象，但却不能解释人为什么会发生失误，也不适用于分析不以人失误为主的事故。

2.2.3 劳伦斯模型

劳伦斯在威格里斯沃思和瑟利等人的人失误模型的基础上，通过对南非金矿发生的事故进行研究，于 1974 年提出了针对金矿企业以人失误为主因的事故模型（图 2-3）。该模型对一般矿山企业和其他企业中比较复杂的事故情况也普遍适用。

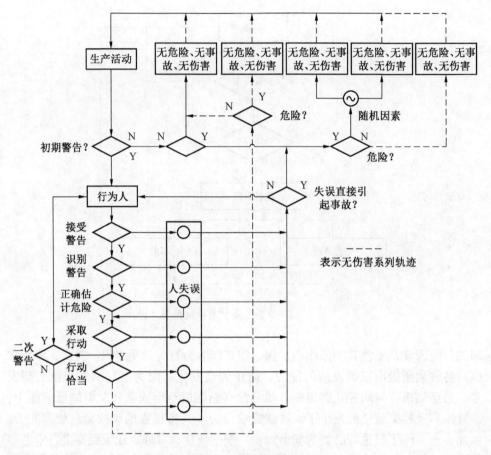

图 2-3 劳伦斯模型

在生产过程中，当危险出现时，往往会产生某种形式的信息，向人们发出警告，如突然出现或不断扩大的裂缝、异常的声响、刺激性的烟气等。这种警告信息叫做初期警告。初期警告包括各种安全监测设施发出的报警信号。如果没有初期警告就发生了事故，则往往是由于缺乏有效的监测手段，或者是管理人员事先没有提醒人们存在着的危险因素，行为人在不知道危险存在的情况下发生的事故，属于管理失误。

在发出了初期警告的情况下，行为人在接受、识别警告，或对警告做出反应等方面发生失误，都可能导致事故。

当行为人发生对危险估计不足的失误时，如果他采取了相应的行动，则仍然有可能避免事故；反之，如果他麻痹大意，既对危险估计不足，又不采取行动，则会导致事故的发生。如果是管理人员或指挥人员，低估危险的后果将更加严

18

重。

矿山生产作业往往是多人作业、连续作业。行为人在接受了初期警告、识别了警告并正确地估计了危险性之后，除了自己采取恰当的行动避免伤害事故外，还应该向其他人员发出警告，提醒他们采取防止事故的措施。这种警告叫作二次警告。其他人接到一次警告后，也应该采取正确的行为对警告加以响应。

劳伦斯模型适用于多人作业生产方式，在这种生产方式下，危险主要来自于自然环境，而人的控制能力相对有限，在许多情况下，人们唯一的对策是迅速撤离危险区域。因此，为了避免发生伤害事故，人们必须及时发现、正确评估危险，并采取恰当的行动。

2.2.4 安德森模型

瑟利事故模型实际上研究的关系是在客观已经存在潜在危险（存在于机械的运行和环境中）的情况下，人与危险之间的相互关系、反馈和调整控制的问题，并没有探究何以会产生潜在危险，没有涉及机械及其周围环境的运行过程。安德森等人曾在分析 60 件工业事故中应用瑟利事故模型，并发现了上述问题，从而对它进行了扩展形成了安德森模型。该模型是在瑟利事故模型之上增加了一组问题，即危险线索的来源及可察觉性，运行系统内的波动（机械运行过程及环境状况的不稳定性），以及控制或减少这些波动使之与人（操作者）的行为的波动相一致，如图 2-4 所示。

企业生存于社会中，其经营目标和策略会受到市场、法律、国家政策等的制约，从宏观上对企业的安全状况产生影响。

问题 1：过程是可控的吗？即不可控制的过程（如闪电）所带来的危险是无法避免的，此模型所讨论的是可以控制的工作过程。

问题 2：过程是可观测的吗？指的是依靠人的感官或借助于仪表设备能否观察了解工作的过程。

问题 3：察觉是可能的吗？指的是工作环境中的噪声、照明不良、栅栏等是否会妨碍对工作过程的观察了解。

问题 4：对信息的理智处理是可能的吗？此问题有两方面的含义：一是问操作者是否知道系统是怎样工作的，如果系统工作不正常，他是否能感觉、认识到这种情况；二是问系统运行给操作者带来的疲劳、精神压力（如此长期处于高度精神紧张状态）以及注意力减弱是否会妨碍其对系统工作状况的准备、观察和了解。

上述问题的含义与瑟利事故模型第一组问题的含义有类似的地方。所不同的是，安德森模型是针对整个系统，而瑟利事故模型仅仅是针对具体的危险线索。

问题 5：系统产生行为波动吗？问的是操作者的行为响应的不稳定性如何，

有无不稳定性，有多大？

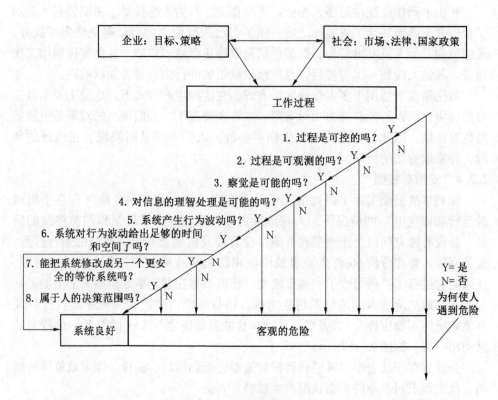

图 2-4 安德森模型

问题 6：系统对行为波动给出足够的时间和空间了吗？问的是运行系统（机械和环境）是否有足够的时间和空间以适应操作行为的不稳定性。如果是，则可以认为运行系统是安全的，否则就转入下一个问题，即能否对系统进行修改（机器或程序）以适应操作者行为在预期范围内的不稳定性。

问题 7：能把系统修改成另一个更安全的等价系统吗？指是否能够在不改变系统功能的条件下，通过对系统做适当修改，使系统变得更加安全。

问题 8：属于人的决策范围吗？指修改系统是否可以由操作和管理人员做出决定。尽管系统可以被改为安全的，但如果操作和管理人员无权改动，或者涉及政策法律，不属于人的决策范围，那么修改系统也是不可能的。

对模型的每个问题，如果回答是肯定的，则能保证系统安全可靠，如果对问题 1、4、7、8 做出了否定的回答，则会导致系统产生潜在的危险，从而转入瑟利事故模型。对问题 5 如果回答是否定的，则跨过问题 6、7 而直接回答问题 8。

20

对问题 6 如果回答是否定的，则要进一步回答问题 7 才能继续发展。

2.2.5 HFACS 模型

Reason 模型是曼彻斯特大学教授 James Reason 在其著名的心理学专著《Human error》一书中提到的概念模型，指出事故发生在生产过程中系统元素间的交互出现问题的地方。这个理论经常被称为事故的瑞士奶酪模型，如图 2-5 所示。

（1）每一片奶酪代表一个层次，共分为了组织影响、不安全的监督、不安全行为的前提条件以及不安全行为 4 个层次，每一片奶酪的空洞即代表一个失误点，如果 4 片奶酪的空洞连成一直线，使光线可笔直穿透，则事故随即发生。

（2）只要移动其中一片奶酪，使光线无法穿透，就可避免事故的发生。

（3）强调组织上整体性的失误预防能力。

瑞士奶酪模型中的事故是在操作人员不安全行为的显性失误和其组织的潜在失误的共同作用下发生的，而以往的研究则通常认为事故发生的原因是直接导致事故发生的操作人员的不安全行为。瑞士奶酪模型上的空洞即失误点没有被明确定义，没有明确表示出每个层次上的具体失误点是什么，所以无法在事故发生前找到这些失误点，并根据这些失误点进行一个改进。

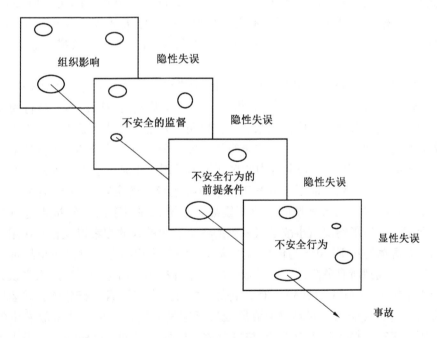

图 2-5 瑞士奶酪模型

人因分析与分类系统专门用来定义瑞士奶酪模型中的隐性差错和显性差错，因此可以作为事故调查和分析的工具使用。维格曼和夏佩尔在分析人为因素导致的数以百计的飞行事故报告的基础上，提炼出了 HFACS 模型。该模型解决了人的失误理论与实践应用长期分离的状态，是一种综合的人的差错分析体系。HFACS 模型描述四个层次的失效，每个层次都对应于瑞士奶酪模型的一个层面。

　　目前 HFACS 分析框架已经被广泛应用到航空、铁路、煤炭以及医疗等行业中的安全事故调查中，已成为分析安全事故原因的重要工具之一。2006 年，Stephen·Reinach 调查了 6 起铁路事故，首次修改了人的因素分析与分类系统（HFACS），提出了适用于铁路行业的 HFACS - RR 模型，该模型增加了外部因素：监管失察和经济政治、社会和法律环境。2008 年，Baysari 通过 HFACS 模型对澳大利亚 40 起铁路事故进行分析，发现澳大利亚铁路多数事故都与设备故障有关。2010 年，Patterson 等根据煤矿的实际情况，提出煤矿行业的 HFACS - MI 模型，并利用该模型研究了澳大利亚 508 起煤矿事故状况，发现技能差错是最常见的不安全行为，而决策差错在不同类型的煤矿中表现不同。2011 年，Michael·G. Lenné 以澳大利亚 263 起煤矿事故为样本，按照 HFACS 框架的原因进行统计，并分析了事故原因之间的让步比和置信区间。2013 年，Shih - Tzung·Chen 将霍金斯 SHEL 模型与 HFACS 模型中不安全行为的前提层级结合，提出海事事故的 HFACS - MA 模型，并通过一起海事事故进行案例分析，对该模型进行了验证。

　　国内学者宋泽阳等利用 HFACS 对 515 起煤矿伤亡事故发生的原因进行整理分类，运用检验和让步比（OR）分析安全管理体系缺失情况，不安全行为发生的原因，以及两者之间的内在联系。研究表明：安全管理体系缺失主要表现在管理文化的缺失和监督不充分，不安全行为主要表现在决策差错和习惯性违规，安全管理体系缺失是导致不安全行为的潜在根本原因。张凤、于广涛等分析 1996—2000 年飞行事故、航空地面事故和飞行事故征候统计的资料，基于 HFACS 和民航的实际情况提出民航领域的事故征候编码系统，并对事故征候报告进行再分析，探索并分析影响民航事故征候发生的各个层次的人的因素以及相互作用。王永刚、余海燕通过 HFACS 与传统的危险源辨识方法相结合，对民航事故进行危险源辨识，找到所有危险源。张欣欣、轩少永等提出了海上交通事故人失误分析与分类系统（HEACS - MTA），对海上交通事故人失误因素进行分类，并运用灰色关联分析法（GRA）对事故形成原因进行定量分析，得出导致事故发生的根本原因。王军、杨冰等将 HFACS 与事故树分析方法（FTA）相结合，提出了新的海事调查模型 HFACS - M，并使用模型对实际案例进行原因分析。王盼盼、邓小鹏等将 HFACS 应用于建筑业中，建立了建筑施工事故分析的 HFACS - CI 模型。

对比上述针对人因的事故致因模型，HFACS 模型具有下优势：

（1）经典 HFACS 模型具有清晰的层次结构，由下至上四个父类分别是"不安全行为""不安全行为的前提条件""不安全的监管"和"组织影响"，且每个父类可进一步细分成子类，为事故中极具不确定性的人因提供了分类依据。

（2）模型的提出者对经典 HFACS 模型中的父类、子类致因进行了定义，为事故中的人因和管理因素提供了详细的分类准则，便于模型在事故分析中的使用。

（3）HFACS 模型能够和定量分析方法结合，对事故致因间的关联性展开分析，直观展示事故致因在事故发生过程中的影响作用。

经典 HFACS 模型搭建了理论和实践的桥梁，它是根据航空领域已有事故数据搭建的，通过根据具体领域事故数据特征对经典模型进行适当改进从而可将其应用在诸如航海、矿业等其他领域中。

因此，基于 HFACS 框架构建煤矿 HFACS – CM 模型，研究煤矿生产中职工的不安全行为，分析不安全行为与事故发生的深层原因，对降低煤矿重特大安全生产事故的发生率具有一定的指导意义。

2.3 煤矿职工不安全行为的表现形式

行为的实质就是人对环境（自然环境、社会环境）外在的可观察到的反应，是人类内在心理活动的反应，行为是人和环境相互作用的结果，并随人和环境的改变而改变。

根据这个定义去界定和研究生产中的行为。生产中的行为也是外显的、可观察到的，甚至可通过各种操作规程和技术规范来加以规定。可以说，生产中行为的实质是设备、操作环境、操作者的反应之间的函数。因此要分析生产中的行为，就必须考虑设备、操作环境、操作者的反应。

2.3.1 操作行为

为完成工作任务并围绕设备要求所形成的行为称为操作行为。操作行为是规范的行为，绝大多数操作行为都必须经过专门的培训来形成并固定下来。研究操作行为的目的是为了提高工作效率和避免事故的发生。

许多心理学家、管理学家、工效学家都对操作行为进行了卓有成效的探索和研究。泰勒、吉尔布拉斯夫妇的研究充分肯定了一点：在机器和操作人员之间，在操作人员之间可以通过操作行为的合理分配和搭配来提高工作效率。这些研究充分肯定了行为科学对提高生产效率有着重要价值。动作和动作频率的合理分配可以提高效率；动作中的有效时间和无效时间要加以区分；在机器和操作人员之间肯定有最佳的操作行为；操作人员相互之间应该合理地分配和搭配操作行为。改善和提高操作行为的效率一直是企业面临的重要管理问题，而安全和效率的问题一直是企业无法回避的问题。

操作行为由于本身的单调、重复、模式化及行为对象（设备）本身的特性，不可避免地带来了许多心理和行为的异常状态。而这些异常状态恰恰是产生事故的重要根源。根据在铁路和电力两个行业进行的相关研究，得到以下两方面结论。

（1）从操作过程来看，任何操作行为都由准备—进行—结束 3 个阶段组成，其中在任何一个阶段，若组织不好都会产生事故。

准备时间过长，准备时的行为过于烦琐，会过早消耗人的心理资源，也不利于在以后的操作中保持注意力，并导致在操作中警觉水平的下降。反之，准备不充分，即我们所说的没有进入状态，将会使和操作有关的重要心理资源闲置，同样无法保持注意力，这种低负荷状态也会降低人的警觉水平。每次操作都要重复这些单调的行为，时间久了必然产生厌倦和漠视的心理。

在操作进行过程中，操作人员之间的连接和配合、操作人员和设备之间的连接和配合是否到位，是决定事故发生的关键所在。

在操作结束阶段，最重要的是核查和回检。一般来说，临近上、下班时及临时交接工作，临时组合操作人员的操作，临时操作任务，操作人员临时的操作等最容易出事故。

（2）从操作行为来看，存在着以下的自保行为，这都影响着整个操作行为的完成。

①捷径反应。在生产中，人们往往表现出捷径反应，即为了少消耗能量又能取得最大效果而采用最短距离的行为。例如伸手取物，往往是直线伸向物品，穿越空地往往走对角线等。这在一定程度上符合吉尔布雷斯提出的动作经济原则。由于人的能量不能储存，若不能在指定时间内有效地运用，就会浪费，造成不可挽回的损失。运用的效果是以一定能量所能完成的有用工作量的多少来衡量的。

动作经济原则是一种关于减少疲劳，增加有用工作量的经验性法则。动作经济原则包括：

a. 全面利用有动作能力的部分的原则；

b. 节约动作量的原则；

c. 改进动作方法的原则。

但捷径反应有时并不能减少能量消耗，而仅是一种心理因素而已。

②躲避行为。当发生危险时人们有一些共同的逃难行动，这些行动的特征构成了躲避行为。人们在生产中表现出来的躲避行为可以分为以下几种类型。

a. 对前方飞来物的躲避。当人静立而发现前方有物袭来时，会立刻做出反应，采取躲避行为。至于躲向何侧，有人曾做过实验统计，其结果见表2-1。

表2-1 静立时躲避方向

躲避方向	物飞来方向			合计
	由左前方	由正面	由右前方	
左侧	19%	15.6%	16.1%	50.7%
呆立不动	3%	10.5%	7.3%	20.8%
右侧	11.3%	7.3%	9.9%	28.5%
左右侧比值	1.68	2.14	1.62	

由表2-1可见，躲向左侧的人数大致为躲向右侧的2倍。这是因为人体重心偏右，站立时身体略向左倾，而且右手右脚比较强劲有力，所以在紧急时身体自然容易向左侧移动。

在步行中有危险物自前方飞来时，躲避的方向除了上面所说的以外，还要看迈出的是左脚还是右脚，迈出左脚时有物飞来，身体比较容易向右倾斜；而迈出右脚时有物飞来，则身体比较容易向左倾斜。但根据观察，向左躲避的情况仍较向右躲避的情况为多。

由此可见，无论是静立还是步行时，均显示向左躲避的倾向。因此，在人工作位置的左侧保留一定的安全地带，是比较合适的。

b. 对落下物的躲避。从人所在位置的上方掉下物体时，人们如何采取躲避行为，也有人做过实验。这个实验是让被测验者直立在楼房外面，从其前方距地面7m的三楼窗户内大声喊叫他的姓名，在他听到声音向上仰望的同时，从他的正上方掉落下一个物件，并观察他躲避落下物的行动。

几乎所有的人在仰头向上的同时，都能发觉落下物而表现出各种反应，见表2-2。

表2-2 躲避落下物的行为类型

防御与否	行动特征	比率/%
采取防御姿势	1. 抱住头部	3
	2. 想在头部接住落下物	28
	3. 上身向后仰，想接住落下物	10

表 2 - 2（续）

防御与否	行动特征	比率/%
不采取防御姿势	1. 不采取行动（僵直、呆立不动）	24
	2. 采取微小行动	10
	3. 脚不动，只转头部	7
	4. 想尽快逃离（离开下落中心点）	18

这些反应可大致分为两类：采取防御姿势的占 41%；不采取防御姿势的占 59%。在不采取防御措施的人中，有 41% 全然没有任何行动的表现，其中大多数是女性。

离开危险物下落中心点，能向后方及旁边躲开的只有 18%，而由下落中心点跑出 2 m 以上的更是少见。可见躲避来自上方的危险物时，向远处逃离是多么不容易。

根据以上实验结果，对落下物的躲避，人们所采取的行为可归纳为以下 4 种：

（a）虽然想设法从面临的危险中摆脱出来，但对来自上方的危险物，大多数人束手无策。

（b）一部分人一经发觉将要降临于自身的危险，便反射性地采取防御姿势，其动作多是用手遮蔽身体的重要部位，如头部等。

（c）虽然也想逃避，但不少人身体僵直，不能做出任何防御、躲避的动作，而是茫然呆立不动。有这种倾向的绝大多数是女性。

（d）从躲避方向看，向背后跑的倾向较为明显，这与向上看的前一动作的方向有密切关系。即向正上方看时，向后躲避的倾向明显；向左上方看时，多向右侧躲避；向右上方看时，多向左侧躲避。

在被测验者中有的人因为受到刺激，甚至实验结束后相当长的一段时间内不能恢复原来状态；也有人长时间呼吸紊乱，心神不安。

由此可见，人对来自上方的危险物往往无能为力。因此在作业场所，特别是立体作业的现场，最低限度的要求是必须戴安全帽。

③逃离行为。当出现危险情况时，人们在恐慌中为了谋求自身安全，争先恐后地捕捉逃离机会，难免出现混乱状态。这在高层建筑物、公共场所发生火灾时表现得尤为明显。根据有关方面调查，发生火灾时人们避难行动的特点是：

a. 选择通往避难出口的最短距离；

b. 逃往远离烟、火方向；

26

c. 选择障碍物最少的路线；

d. 顺墙前进；

e. 向左拐；

f. 向明亮地方走；

g. 从进来的方向返回；

h. 走习惯了的、有经验的路及出入口；

i. 随着人流走；

j. 从高层向低层走等。

关于沿着墙前进的倾向，是由于黑暗或黑烟看不清周围情况，失去了凭借视觉的坐标轴，而选择了凭借触觉的坐标轴。

值得特别注意的是，在危险、混乱状态中人们涌向出入口的倾向，这个出入口常是他进来时的入口，他曾从这个入口安全地进来，已经有了认识，有一定的安全感。人流一旦大量涌到出入口，可能造成极大的混乱。往往发生火灾时，常常不是在出事地点造成火烧伤亡，而多是出入口造成的挤伤和踩踏。由于人在危机状态下有涌向出入口的倾向，因此出入口的门一定要向外开着，避免人群拥挤到门前因门无法打开而造成更大的伤亡。

④从众行为。人在遇到突发事件时，许多人往往难以判断事态和采取行动，因而使自己的态度和行为与周围相同遭遇者保持一致。这种随大流的行为，称为从众行为或同步行为。女性由于心理和生理的特点，在突然事件时，往往采取与男性同步的行为；一些意志薄弱的人，从众行为倾向强，表现为被动、服从权威等。有人做过实验，当行进时突然前方飞来危险物体时，如前方两人同时向一侧躲避，第三人跟随着会不自觉向同侧躲避；当前方两人向不同侧躲避时，第三人往往随第二人同侧躲避。

从众行为也会给企业的安全生产带来不同程度的影响。一般来说，在企业安全生产较好的群体中，它可起到积极的作用，而在较后进的群体中，往往起着消极的作用。例如，一贯注重安全生产的车间或班组，人人讲安全，处处注重安全生产，安全生产规范水平较高，即使有个别成员不注重安全，由于他不愿成为"越轨者"，也会对车间或班组制定的安全制度予以"顺从"；如果有的成员盲目抢生产进度，不顾安全技术规程的规定，经车间或班组负责人说明教育，也有可能放弃原来的不安全行为。这里从众行为是有利于安全生产活动的。但在安全生产后进的车间、班组中，很少人愿意去"触犯众怒"，认真执行安全技术规章制度，往往出现"随大流"的心理倾向，这种从众行为不利于车间或班组的安全生产工作的改进。

许多不安全行为都是经由从众行为得到扩散和传播的。只要有不安全行为出现而没有得到制止，其他人在从众心理的驱使下，就会去模仿从而变成普遍的行为。因此在操作中，只要有不安全行为出现，就要立刻坚决地加以制止。

⑤非语言交流。靠姿势及表情而不用语言传递意愿的行为称为非语言交流。人表达思想感情的方式，除了语言、文字、音乐、艺术外，还可以用表情和姿势来表达，这也是人的一种行为。据身势学创始人伯德惠斯戴尔1970年的说法，人脸可以做出约25万种不同的表情；戈登·修易斯也指出，人体可以做出大约1000种平稳的姿势。一般来说，非语言交流可分为动态无声、静态无声和有声3类。身势学认为姿势、声音（副语言）、表情、保持的距离是非语言交流的要素，它们往往在视、听和其他感觉距离内发挥交流作用，因此可根据人的表情和姿势来分析人的心理活动。人的表情、姿势又可称为非语言词汇，这种非语言词汇在难以用语言表达或听不见的情况下，常被人们广泛应用。

在生产中也广泛使用非语言交流，如火车司机和副司机为确认信号呼唤应答所用的手势，桥式起重机或臂架式起重机在吊运物品时，指挥人员常用的手势信号、旗语信号和哨笛信号，都属于非语言交流行为。在航运、地勤导航、铁道等交通部门广泛使用的通信信号标志，工厂的安全标志，从广泛上来说，也属于非语言交流行为的范畴。

2.3.2 设备与操作行为

1. 设备的工作半径和操作半径

设备一般是指用于生产的机器和辅助部分。设备安装完成后，其位置的摆放和功能也就确定了，将其位置和功能的组合称为设备的工作半径，这个半径就决定着操作人的操作范围（操作半径）和模式。另外，为了对机器进行良好的操作和控制，要对操作行为进行规定和设计，如果是需要多人合作才能完成的操作，这一点显得更加重要。一般来说，设备和操作行为的关系有以下3点。

（1）设备越复杂、自动化程度越高，则人的操作行为就越简单，因为设备的工作半径可以覆盖人的操作半径。在此，对操作人员的要求主要是监控和保持高度的警觉水平。

（2）对于简单、自动化程度低的设备，就需要用人的操作行为去覆盖设备半径，对人的操作行为就提出了更高的要求。我国企业在这方面存在的问题主要是培训和人员选拔做得不好，使操作行为不能和设备的工作半径形成有机的配合，出现许多本可以避免的事故。多数人为事故都是这个原因。

（3）设备的工作半径和操作半径都需要进行科学的设计，设备在人—机方面要进行设计，操作人员要进行相应的选拔，这样才能同时提高机器和人的可靠性。

2. 设备的位置和操作行为

任何设备都有位置，这在某种程度上就影响和决定着操作行为。任何设备的摆放都是有规律的，这取决于设备的功能、连接及操作模式。无论是平行、环形、半圆形，都必须考虑人的特点和行为的特性。

2.3.3 记忆与不安全行为

记忆就是过去经验在人脑中的反映。人们在生活实践中，感知过的事物，思考过的问题，体验过的情感或从事过的活动等，都会不同程度地在大脑中留下印象。其中，一部分作为经验在人脑中保留相当长的时间，在一定条件下还能恢复。这种在人脑中对过去经验的保留和恢复的过程就是记忆。

1. 记忆错误

记忆错误，又叫作记忆错觉，或记忆错乱。记忆错乱时，感觉当时发生的事仿佛是熟悉的，在某个时候已经体验过。情绪和激情在记忆错误的产生中起着重要的作用，特别是个人本身对在过去发生的某些事件结局的影响都评价过高，这可以作为典型。在现代医学心理学中已经确定了记忆错误同边缘状态（紧张、剧烈和经常的疲劳）、精神衰弱症和中枢神经系统机能作用的其他变化的联系。

英国心理学家 Bartlett 在 20 世纪 30 年代做了一个十分有趣的实验，他首先让大学生阅读印第安民间故事"幽灵战争"，在间隔一段时间后要求学生根据自己的记忆复述这个故事。Bartlett 发现随着时间的增加，故事中的内容往往被略去一些，一些内容被舍弃了，故事也会变得越来越短；更有趣的是，有的还会增加一些新的材料，使得故事变得更加自然合理，有时甚至渗入一些伦理的内容。这种对过去经验和事件的记忆与事实发生偏离的心理现象可以称为记忆错觉。

此外，研究表明记忆错误与内隐记忆有关。内隐记忆是指通过无意识机制运作的记忆，与外显记忆（有意识地获取经验）相反，内隐记忆表现为个体并没有意识到的某些经验对当前任务自发的影响，而这些经验本身是在自身没有意识到的情况下获得或者形成的。内隐记忆在记忆主体——人没有意识到自己已经拥有这方面记忆的情况下，影响主体对其他相关经验反映的具体结果，使得记忆出现错误。内隐记忆为解释记忆错误提供了崭新的视角，大大推进了对记忆错误的研究。

2. 记忆与不安全行为的关系

在记忆错误的基础上，可以产生各种类型的错觉。其中，对于安全操作生产影响最大的就是判断和决策错觉。

心理学工作者在研究判断与决策时发现，很多认识偏差与记忆错觉有关。决策者依据是否易于想到有关的经验事件来判断事件出现频率的倾向性。比如，当问及每年是死于鲨鱼攻击的人多还是被飞机落物击死的人数多时，往往会判断前者较多，但实际上每年飞机落物击死的人数要多出死于鲨鱼攻击的人数近 30 倍。

这是由于人们对于鲨鱼攻击死亡的事件有更多的内隐记忆。

"事后诸葛亮"和"早知如此"也使人们在评价自己的记忆时常常发生错觉。当事件发生之后，人们往往不能准确地评估事件发生前自己的心理状态，而往往会注意并记住事件的某些片断（这些片断很可能只是偶尔地出现），然后将其看成是一般规律的表现并据以进行判断。

在生产操作中，这样的记忆错误就很可能对生产造成极大的危害。例如锅炉员工以前曾经遇到锅炉的异常情况，如不同寻常的压力或温度的异常，可能是因为一些次要的原因造成的，当再次遇到锅炉情况异常的时候，员工却很可能因为以前得到的一些错误的记忆和经验，认为这一次也无关紧要，因而很有可能因此而酿成大祸。

合理、正确的记忆，是安全生产必不可少的要求。可以说，没有记忆，人类的一切生产活动都无法进行，它是人类进步的必要条件。在生产中，对以前突发情况的特征和解决方案的记忆，是生产人员解决生产中所出现问题的一个重要依据。对于哪些操作会带来不安全因素，生产员工在长时间的生产操作中逐渐地养成一个关于错误行为、正确行为及危险行为的行为规范记忆库，从而避免在操作中发生误操作，并且会自动自觉地将生产中不断发生的各种新问题加以归类归纳，作为今后生产操作的指导，从而一定程度地保证了生产的安全进行。

3. 记忆的强化与激活

在安全生产中，记忆起了如此重要的作用，那么强化和激活与生产安全有关的记忆，就是十分重要的事情。可运用记忆的激活扩散模型来研究生产操作中的记忆激活问题。

激活扩散模型是 Coffins Loftus 在 1975 年提出的，它是一个网络模型，放弃了概念的层次结构，而以语义联系将概念组织起来。它将概念以网络的结构联系起来，使各个概念之间可以通过互相联系的紧密程度得到区分。例如小汽车同卡车、公共汽车之间有联系，甚至与街道之间有联系。

这一模型在对信息加工过程中很有特色。它假定，当一个概念被加工或受到刺激时，在该概念结点就会产生激活，然后激活就会沿着概念之间的联系，扩散到其他的概念结点。这种激活是特定源的激活，虽有扩散但可以追踪出产生激活的源点。此外还假定，激活的数量是有限的，一个概念越是长时间地受到加工，释放激活的时间也就越长，但激活在网络中的扩散也将逐渐减弱，它与连线的易进入性或强度成反比，连线的易进入性或强度越高，则激活减弱越少；反之则减弱越多。这里，连线的强度依赖于使用频率；使用频率越高，强度越高，当连线的强度高时，激活扩散得快，并且激活还会随着时间或干扰活动而减弱。

根据这一假定，心理学家对激活扩散模型进行了验证，其中特别突出的就是启动效应的实验。启动效应是指先前的加工活动对随后的加工活动所起的有利作用。Freedman 和 Loftus 于 1971 年在一个实验中，采用了同一种作业的两种表达方式：一种方式是"说出一种水果名称是以 A 字母开头"；另一种方式是"说出一种以 A 字母开头的水果名称"。它们是同一作业，被测试者也都能做出正确反应，但表达方式不同。结果证明，被测试者在前一种表达方式的作业要快于后一种。这个作业的实质是信息提取，因为和水果相连的结点可以很快反映出以 A 开头的名字；而以 A 开头的词反映出水果名字，则需要搜集的信息面更广一些。

通过激活扩散模型，可以对安全生产中的重要环节进行激活。最简单的应用例子，就是使用红、黄、绿 3 种颜色的指示灯。交通灯都是采用红、黄、绿 3 种颜色，因为这 3 种颜色在激活扩散模型中，最紧密相关的就是停止、慢行和通行 3 种含义。用这 3 种颜色，可以迅速地激活司机心中的记忆——关于交通法规的记忆，从而减少司机的错误操作，例如误将红色当成通行等。同样地，在必须小心操作且平时基本上不会使用，只有紧急情况才会触动的按钮旁边，使用红色的指示灯。而表示打开机器或表示畅通运行的按钮旁边，会使用绿色的指示灯。

在较为复杂的仪表上面，同样可以用相应的符号或名字简单地表示出不同按钮的主要作用，作为激活操作人员的现有记忆，以提高操作的准确性。

2.3.4　注意力与不安全行为

在日常生产中，人们常说"要集中注意力"。通常人们理解这句话是认为集中注意力就是眼到、手到、耳道、心到、脑到，其实这种理解并不全面。一个人平时工作很认真：操作很熟练，从不出错，可是一次不注意，就可能造成了生产事故。可见，注意力在保证安全生产中，起到了非常重要的作用。因此，在研究生产中的安全行为时，必须研究注意力。

1. 注意的概念

提到注意，大家会联想到的词有很多，如全神贯注、聚精会神、当心、留意等。这些词，都可以理解为注意。注意不是独立的心理过程，而是存在于感知、记忆、思维等心理过程中的一种共同的特性。感知、记忆、思维都是认识的各种水平，不论是哪种水平的认识，总是有选择性的。例如学生在上课的时候，就总是把老师的讲解和书本当成自己的感知对象，把教室里的桌椅、墙壁、黑板当成感知的背景，这就是认识的选择性。但认识的选择程度总是会高低不同的，选择程度高时，就是注意。注意本身并不反映事物的属性和特征，它只是伴随着心理过程（如感知、记忆、思维等）而存在的一种状态。简单而言，注意就是人的心理活动对一定对象的指向和集中，是人适应环境、从事生产活动的必要条件。

所谓注意的指向，就是指心理活动的对象和范围。在每一瞬间，人的心理活动总是有选择地朝向一定的事物并反映它，而离开其余的对象，这样就保证了知觉的精确性、完整性。在千变万化的世界里，有各种各样的信息不断地作用于人，究竟要注意什么，不注意什么，这是由人的意识的选择性来决定的。所谓注意的集中，是指心理活动反映被选择对象的清晰和完整程度。人在注意时，心理活动不仅指向于一定的事物，而且还集中在该事物。通常我们所说的"聚精会神""全神贯注""专心致志"，都是指这种情况。集中的前提不但是指心理活动离开一些无关的东西，而且也是对周围多余活动的抑制。只有集中注意，才能保证注意的清晰性和完整性。

2. 注意的类型

注意可以根据产生和保持注意有无目的和意志努力的不同程度，分为以下3种类型。

1）无意注意

无意注意又称为不随意注意，是指人在注意某一事物时，事先既没有预定的目标，也不需要做主观努力的情况下产生的注意。

例如，一位汽车运输公司的老司机，向来开车稳当，被公认为安全可靠，令人放心。一次，他驾车行驶到市中心的繁华路段，已经减速慢行，但还是撞倒了一个小男孩。事后有人问他："你开车以稳著称，技术也好，为何会出现这样的事故？"这位司机回答说："当时行车速度在我的掌握之中，只是当时马路旁边的商场门口在举行促销的演出活动，于是我无意中瞟了一眼，转过头来，那个孩子已经跑到马路的中央了，我向右打方向盘，儿童也向右跑去，事情就这样发生了。"这样的事故，就是无意注意所致。再例如，在工厂生产环境中，周围一些突然的改变，如耀眼的光线、突如其来的声响、浓郁的气味、艳丽的色彩，都会立刻引起人们的注意，在机器车床没有停止运转的情况下，这种突然的注意，会造成极大的危险。

通俗地讲，无意注意就是对某件事情或某样东西并没有打算注意它，但它却吸引了我们，迫使我们下意识地注意它。确切地说，无意注意主要是由环境中刺激物本身的特点及人的主观状态所引起的，主要取决于当前刺激的特点。当前刺激具备什么特点才能引起我们的无意注意呢？总的来说，就是它的突然变化。刺激从无到有突然出现，或者从有到无突然消失，刺激的突然增强或突然减弱，也会引起我们的注意。无意注意对动物来说，其生物学意义极其明显。这种注意各类动物都有，它是动物适应环境所必需的，否则它们猎取食物和躲避危险的机会就会大为减少，进而无法生存。在人类的现实生活中，需要用无意注意去处理和查明一些突然出现或突然消失的刺激，如危险突如其来时人的应急反应，就是无意注意的参与；在空旷的围墙上面张贴广告，也是利用了无意注意。但是无意注意一定要得到控制，不能轻易为某些不重要的事情分心，否则对生产活动、行车活动，都会有很严重的影响，重则造成重大事故。

2）有意注意

有些事情本来并不吸引我们，但它和我们的需要有紧密的关系，我们就去注意它，这就是有意注意。它是自觉的，有预定目的的，必要的时候还需要做出一定意志努力来产生和保持。

生产劳动活动本身是一种复杂且持久的活动，其中必然有令人不感兴趣、单调和困难的成分，这就需要人们通过一定的意志努力，把自己的注意集中并保持在他的工作上，即使在出现疲劳或感到单调和困难时，仍然必须强迫自己去"注意"。同样，行车活动也是需要驾驶员注意观察道路上的行人动态、车辆行驶，合理地避让和超车。当产生困倦和厌烦时，司机就必须要强迫自己去"注意"。所以，有意注意是需要一定的主观努力才能够保持，主要依赖的就是员工自身的意志和安全态度。

3）有意后注意

有意后注意指事前有预定的目的，不需要意志努力的注意。有意后注意是注意的一种特殊形式。它介于有意注意与无意注意之间，一方面类似有意注意，因为它有自觉的目的和特定的任务联系着；另一方面它又类似无意注意，不需要人的意志努力。如一个人学外语时，开始枯燥难学，要用很大努力才能聚精会神，后来通过克服困难，渐渐地培养起对学习的兴趣，很容易就投入到学习中去，这就是有意后注意。

有意后注意是由有意注意转化而来的，是有意注意之后产生的。有意注意要转化为有意后注意，主要条件是使活动的目的明确，认识深刻，长期坚持不懈地从事这种活动。如果一个人的注意不是放在工作或学习的结果上，而是被工作或学习过程本身所吸引，这样的注意就成为有意后注意。它是一种高级类型的注意，具有高度的稳定性，是人类从事创造性活动的必要条件。很多科学家、艺术家，长期从事研究工作或艺术创造工作，废寝忘食，这就是有意后注意在发挥作用。如果没有有意后注意，人会很容易产生倦怠心理，人类的很多科学成果和艺术作品，就不可能诞生。

3. 注意的功能及其表现

1）注意的功能

注意是心理活动的伴随状态，而它的功能主要表现在以下4个方面：

（1）选择功能。选择功能表现为心理活动的一种积极状态。它使心理活动选择有意的、符合需要的和与当前活动任务相一致的各种刺激。避开或抑制其他无意的、附加的、干扰当前活动的各种刺激，即注意把有关的信息检索出来，使心理活动具有一定的指向性。注意的选择性可以保证个体以最少的精力完成最要的任务。

（2）维持功能。注意是人脑的一种比较紧张、比较稳定的状态。人只有在这种状态下，才能对通过选择而输入的信息进行进一步加工、处理。注意的维持功能表现为注意在时间上的延续，在一定时间内，注意维持着活动的顺利进行。在注意的维持功能中，人的活动目的、兴趣、爱好等，有特别重要的作用。例如戏迷在听戏时就很容易全神贯注，而且可以持续很长的时间。

（3）整合功能。一般认为，人对从外界获取的信息有整合作用。这种整合过程，是发生在注意状态下的。因此，注意是信息加工的一个很重要的阶段。即将进入注意的前注意状态下，人只能加工事物的个别特征；在注意状态，人才能将个别特征的信息整合成为一个完整的信息体，这样才能正确地理解各种混合在一起的信息。

（4）调节功能。注意不仅表现在稳定的、持续的活动中，而且表现在活动变化中。当人们从一种活动转向另一种活动时，注意起着重要的调节和控制用，即注意可以控制活动朝着一定的目标和方向进行。在学习和工作中，当注意集中时，错误少，效率高。事故和错误，一般都是在注意分散或注意没及时转移的情况下发生。就像前面所举的运输公司老司机的例子一样，那次事故就是由于注意转移后没有及时转移回来所造成的。

2）注意的外部表现

当一个人在注意的时候，常常伴随着一些特定的生理变化和表情动作，构成注意的外部表现，最显著的有以下3个方面。

（1）适应性的动作。当人们注意某一对象时，有关的感官就会朝向一定的刺激物。当注意听一个声音时，往往双目紧闭，把耳朵转向发出声音的地方，倾耳静听；而在思考时，往往会皱起眉头，手托住下巴。这些都是相对应于自己所注意的事物而所做出的适应性动作。

（2）无关运动的停止。当一个人专心致志、高度注意时，一切多余的动作都会停止，似乎身体许多部分都处于静止状态。例如学生在课堂上专心听讲时，不会东张西望，而是全神贯注地看着老师，仔细聆听。

（3）呼吸运动的变化。人在高度注意时，呼吸会变得格外轻微和缓慢，呼与吸的时间比例也会显著地变化，一般是吸短呼长。在紧张注意时，甚至会出现呼吸暂停的现象，即所谓的"屏息"。另外，紧张时还会出现心跳加快、牙关紧闭、拳头握紧等现象。

但是，注意的外部表现并不一定和其内心状态一致，有时会出现虚假的状态。例如学生上课时，无关动作停止的学生，不一定就是听课专心致志的学生，也有可能是假装出注意的外部表现。

4. 注意的分配

1）注意的分配条件

注意的分配是指同时进行两种或几种活动时，心理集中的程度变化和指向不同对象的强弱程度。湖南师范大学心理实验室做过这样的试验：让受试者同时背诵一首诗和演算两位数的除法，结果有的成功，有的失败。但是就一般情况而言，背诵和演算同时进行所用的时间，约等于两者分开的时间的总和。这说明注意的分配是有困难的，并且没有节省时间，但只要人在掌握认识规律的基础上积极地创造条件，注意的分配就是可能的，而且在实际生活中也要求人们很好地做到注意的分配。例如老师上课，一边要讲解课程的内容，一边要进行黑板上的书写，同时还要注意学生的反应和注意力集中的程度；而学生在上课的时候，也是在注意听老师讲解的同时，还要做笔记；科学家在做实验进行观察的时候，也是一边聚精会神地注意实验情况的变化，一边记录实验过程和结果的。所以说，注意是可以分配的，同时也是必须分配的。但是注意的分配是有条件的。如果像上面例子所说的，一边演算两位数除法，一边背诵诗歌，这样的分配就是不合理的，也是没有效果的，所以注意分配要满足一定的条件。注意分配的条件主要有以下 4 个方面。

（1）在同时进行的两种或两种以上的活动中，必须有一种活动非常熟练或相当熟练。因为对于熟练了的活动，人无需给予更多的注意就能很好地实现，因此可以把大部分的注意集中到比较生疏的活动上，这样注意的分配才有可能实现。例如对机车司机而言，只有各种驾驶操作都达到了熟练化，他才能把注意分配在与安全行车有关的各种对象上。

（2）同时进行的几种活动之间必须有联系，有联系的活动便于注意的分配。当各种活动之间已形成固定的反应系统时，人们很容易同时进行各种活动。相反，各种活动之间毫无联系时，人们很难进行活动。例如司机在开始学习驾驶的时候，首先是掌握各种驾驶的复杂动作，其次在通过练习之后在它们之间形成一定的反应系统，以后驾驶的时候，司机就不用费力地完成各种操作动作，这时他就可以把注意分配到其他有关的对象上，并且随着交通情境的变化来调节和控制自己的注意分配。注意的分配是从事复杂劳动的必要条件，比如驾驶员、乐队指挥、教师、管理多台车床的员工。他们必须善于分配自己的注意，才能提高工作的效率，避免差错。

（3）注意的分配与同时进行的几种活动的性质有关。如果这几种活动的类型相似，注意分配就比较容易进行。

（4）注意的分配还同注意所占用的感觉通道被占用的程度有关。研究表明，当信息从不同的感觉通道输入时，注意的分配比较容易进行。例如在用耳朵听音乐的时候，同时可以做家务。

2）注意分配的有关理论

有关注意分配的理论，是由卡内曼（D. Kahneman）首先提出的注意资源分配理论。这一理论把注意看成人类加工信息的有限心理资源，注意只能在心理资源许可的范围内承担有限的任务，当人们同时面临多种任务时便造成了系统对资源的竞争，人类信息加工系统会根据不同的任务目标分配有限的资源，选择一定的输入信息进行加工，其他输入信息因资源的限制得不到加工而被放弃。

卡内曼认为影响资源分配的因素有以下3个方面。

（1）人在唤醒状态下可以得到的能量。唤醒水平越高，可得到的能量越多，但超过某一限度，反而减少。

（2）人平时的反应倾向和特定情境的意向。平时的反应倾向是指人对噪声、快速动作、明亮色彩及异常事物熟悉的或具有的认知事物的反应倾向。最常见的反应倾向是人对自己名字的认知。特定情境的意向是指在某种情境下，将资源分配给特殊的输入刺激。

（3）对完成当前任务所需能量的估计，也就是对注意当前事物难度的评价。任务的难易与完成任务所需的心理资源有关，也与人对任务的熟悉程度有关。练习越多越熟悉，所需的资源越少。

资源分配理论认为，当人同时进行两项活动时，产生的问题并不是由于这两项活动相互干扰，而是进行两项活动需要较多的资源，超过了能提供的资源总量；反之，只要不超过资源总量，人就可以同时进行两项活动，这就是单资源限制理论。

由于单资源限制理论无法解释一些明显的心理现象，许多研究者又据此提出了"多资源理论"，其中 C. N. 威肯斯的模型较有代表性。他认为，心理资源不是单一的，而是多维的，它由3个维度构成，即输入通道、加工阶段、加工和输出方式。无论单一还是复杂，不同的活动之间都可能发生资源竞争。当心理活动所需要的总资源量大于人类固有的资源总量时，心理工作负荷的大小就与活动绩效成反比。

3）注意的分配与注意的转移

研究注意的分配，不能不提到另一个概念——注意的转移。注意的分配与转移是密切联系的。所谓注意的转移，就是指根据新的任务和新的情况，主动把注意从一个对象转移到另一个对象。例如，司机在上班之前也许在聚精会神地看足球比赛，但是工作开始的时候，立刻就把注意从足球比赛转移到开车的工作中去，不再考虑足球比赛的情况，这就叫做注意的转移。注意转移的快慢和难易程度受到多种因素的制约，这些因素包括以下3个方面。

（1）注意转移的快慢和难易程度依赖于原来注意的紧张度。原来注意的紧张度越大，注意的转移就越困难，越缓慢；反之，注意的转移就比较容易，比较迅速。

（2）注意转移的快慢和难易还依赖于注意所转移到的新事物和新活动的性质。新事物或新活动越符合人的需要或者兴趣，注意的转移就越容易；反之，注意的转移就越困难。

（3）注意的转移还和人的神经过程的灵活性有关。一个神经过程灵活的人，其注意的转移就比较容易和迅速。

注意的分配和注意的转移是彼此密切联系的，每一次注意的转移，注意的分配也必然随之发生变化。注意一经转移，原来注意中心的对象就转移到注意中心之外，而新的注意对象进入注意中心，整个注意范围的对象便发生了变化。因此，每当注意中心的对象转换后，必然出现新的注意分配。

但注意的分配与注意的转移又是有区别的。虽然它们都意味着注意对象的转换，但两者是有本质区别的。注意的转移是在实际需要的时候，有目的地把注意转向新的对象，使一种活动合理地为另一种活动所代替；而注意的分配是在需要注意稳定时，受无关刺激的干扰，或者由于周围出现单调的刺激，使得注意离开需要注意的对象所出现的注意力分散的情况。

5. 安全生产对注意的要求

1）对无意注意的要求。

安全生产要求在生产过程中，操作人员要善于控制无意注意，不能为突如其来的外界刺激分心。例如，在生产过程中，面对突如其来的响声或闪光，生产人员就不能轻易地将注意转移到这些外来刺激上。同样在驾驶过程中，司机也不能被路上的无关景物或活动所吸引，否则很容易出现交通事故。

2）对有意注意的要求

由于有意注意的自身特点，需要人们通过一定的努力把自己的注意集中并保持在自己的工作上，即使出现疲劳或感到单调乏味的时候，也必须强迫自己去"注意"。这就意味着，安全生产所需要的注意集中，对于操作者本身而言，就是一个比较困难的事情。正因为如此，安全生产对有意注意要求更高。提高有意注意的程度，必须依赖于员工自身的意志和安全态度。

3）对有意后注意的要求

有意后注意表明了这一注意已经成为人的自觉注意状态，也就是说，人的有意后注意并不容易转移，并且可以在相当长的时间不被转移，这对安全生产非常有益的。各个企业的安全部门都应该尽量培养员工对自身工作的热爱，使工作中的注意集中成为有意后注意，不易分散注意，更有利于操作的安全进行。

6. 安全生产对注意的分配和转移的要求

1）针对注意的分配

在很多生产活动中，例如操纵机器、驾驶车辆等，对注意的分配都有比较高的要求。如果注意的分配不合理，就会发生事故。司机驾驶时，就要求对驾驶车辆的各种操作动作十分熟练，达到几乎不占用司机注意的程度，这样司机才可以将剩余的大部分注意分配到路面可能出现的各种意外情况上。所以，在需要注意分配程度高的操作中，为了避免因注意的分配不当而发生事故，必须要求在工作中建立牢固的动力定型，使得操作熟练，达到几乎"自动化"的程度，以便把大部分的注意集中到关键的活动上去。

2）针对注意的转移

在安全生产中，不但要求注意集中，还常常要求工作人员根据新的任务，主动地把注意从一个对象转移到另一个对象上。这样的能力，除了和训练有关以外，还与人的神经过程灵活性有关，注意转移如果不及时，也常常会引发事故。例如司机在公路上开车，从旁边的岔路上突然开出一辆车，出现这种情况时，司机如果不能迅速转移对前面路面的注意，迅速避让的话，就会酿成事故。如果一个人在车间中行走，从其上方坠落一个重物时，如果这个人能够比较及时迅速地转移注意，迅速避让，就可以避免严重的伤害。如果一个人的注意过度集中在正在从事的工作中，对周围的环境未予注意，若此时出现异常情况，他的注意未能及时转移，那他就察觉不到危险，很有可能酿成事故。所以在安全生产中，尤其是在短时间内要求对新的刺激物做出迅速反应的工种，注意的转移有十分重要的意义。曾经有人对于飞行员的注意转移能力进行统计，一个良好的飞行员，在起飞或降落的 5~6 min 之内，注意力转移多达 200 多次，若注意转移不及时，其后果是不堪设想的。

7. 安全生产对注意功能的要求

1）对注意的选择功能的要求

在安全生产中，尤其是外来因素影响较多的生产活动中，尤其需要选择需要注意的对象。例如对在铁路调度室中工作的调度员来说，需要调度的车辆很多，要根据时间的顺序和紧迫程度，选择调度的顺序。如果不能将注意有选择地先后分配到不同车辆的调度上，就会出现行车事故。

2）对注意的维持功能的要求

一些学者在实验性监视作业（监视模拟式圆形仪表、类似监视雷达作业、快速处理多元信息）中，以正确反应、误反应、延迟反应及其他生理反应作为指标，研究注意的维持性。他们发现，基准值的相对下降均发生在作业开始后 30 min 内，从而说明注意的持续性不超过 30 min。因此要求作业者长期高度集中于显示终端、荧屏、仪表是不可能的。在这样的情况下，要保证安全生产，就需要采取一定的措施，通常的措施有：一是轮班制度，人员每30min换一班；二是高科技手段，运用电脑与人的互动交流，提醒人的注意继续维持。

3）对注意的整合功能的要求

在生产中，常常会遇到各种各样与生产有关的信息。在这种情况下，对注意的整合功能要求就会比较高，要求操作人员在生产过程中，将生产中出现的各种情况和信息进行整合，整理出有用的信息和信号，做出适当的调整。

4）对注意的调节功能的要求

在生产中，需要适时地将注意及时地转移到需要集中注意的地方，但在这项活动结束后，就需要将注意及时地转移回来。也就是说，注意的调节功能在安全生产中同样发挥着重要的作用。

8. 注意与不安全行为

在安全生产操作中，注意分配扮演了一个十分重要的角色，尤其对于飞行员、汽车司机和化工企业的特殊工种（如升降机、锅炉工、叉车司机等）十分重要。

行车的时候，机车司机既可把注意集中在某一个区域或某一对象，又可以把注意分配到各个相关的对象上。在视区范围内，司机的注意主要集中于前方线路区域上，同时也把一部分注意分配在边缘上，形成一个扇形视区。新司机与有经验的司机的注意分配不尽相同。新司机倾向于把全部注意分配到驾驶操作上，而有经验的司机只把少量注意分配到驾驶操作上，而把多数注意分配在线路周围的各种环境信息上。研究表明，有效分配注意的能力的差异是安全操作的一个重要因素。

卡纳曼（D. Kahneman）对司机的注意分配和转移能力与交通事故的关系进行过实验研究。在实验中，要求被试者通过耳机接收两种不同的信息，每只耳机传递的信息不同，被试者的任务是根据接收的信息，前后来回转移自己的注意。研究者发现，完成注意作业的绩效和事故率之间有显著的正相关关系。也就是说，事故率高的被测试者漏失的信息比较多，而且在选择注意作业时的错误也比较多。正因为如此，注意分配的狭窄会直接影响到安全生产。如果操作人员因为自身的身体条件或由于当时的环境影响，导致注意分配狭窄，那么在接受生产中出现的多种信息时，就会出现注意范围不足以顾及所有的突发情况，面对生产中突然出现的信号，无法做出及时反应和调整。

企业应该根据自身生产操作的特点，对生产人员进行相应的注意分配测试，具体测量每个生产操作人员的注意分配范围是否适应其工作的需要。如果不能适应，则应该及时作出调整，以免酿成重大的生产事故。同时，对于目前胜任工作的操作人员，也应该随着其年龄的增大而进行跟踪测试。因为研究证明，生产人员的注意分配能力是随着年纪的增大而逐步下降的。

此外，在生产活动中还存在对安全的注意问题，人的安全注意是指对安全生产的关注力，以有意和无意的方式，预防和控制生产过程中的危险、危害因素，实现安全生产。安全注意包括两种，一种是主动的注意，即对一类事物的认识和关注不需外力的推动而自觉地进行，如职工深感安全与自己的生命和健康息息相关，所以格外注意安全，实际工作中无论有无安全要求或者有无人员监护，总是严格遵守操作规程，绝不违章。另一种被动的注意，需要外力（思想的、行政的、经济的和法律的手段）的作用而引发和唤醒，如违章作业未遂事故，受到规章制度或法律法规严惩后引起的注意。因此，除了依靠员工的主动安全注意外，必须要采取各种方法唤醒员工的被动安全注意，如通过建立安全激励机制、建设企业安全文化、安全教育培训等方法引发、唤醒和强化员工的安全注意。

2.3.5 疲劳与不安全行为

1. 疲劳的表现特征

1）休息的欲望

人的肌肉和大脑经过长时间的大量活动后就会出现"累了"或"需要休息"的疲劳感觉，而且身体的各个部位都会出现疲劳症状，比如颈部酸软、头昏眼花，这些疲劳感觉不仅仅自己感觉很明显，而且周围的人也同样可以感觉到。

2）心理功能下降

疲劳时人的各项心理功能下降，例如反应速度、注意力集中程度、判断力程度都有相应的减弱，同时还会出现思维放缓、健忘、迟钝等。

3）生理功能下降

疲劳时人的各种生理功能都会下降，随后人就进入疲劳状态。

（1）对消化系统来说，会出现口渴、呕吐、腹痛、腹泻、食欲不振、便秘、消化不良、腹胀的现象。

（2）对循环系统来说，会出现心跳加速、心口疼、头昏、眼花、面红耳赤、手脚发冷、指甲嘴唇发紫的现象。

（3）对呼吸系统来说，会出现呼吸困难、胸闷、气短、喉头干燥的现象。

（4）对新陈代谢系统来说，会出现盗汗或冷汗、发热的现象。

（5）对肌肉骨骼系统来说，会出现肌肉疼痛、关节酸痛、腰酸、肩痛、手脚酸痛的现象。

出现以上各种现象的同时，眼睛会觉得发红发痛，眼皮下垂，视觉模糊，视敏度下降，泪水增多，眼睛发干，眼球颤动，刺眼感，眨眼次数增多；听力也会相对下降，辨不清方位和声音大小，耳内轰鸣，感觉烦躁、恍惚。此外，甚至会出现尿频、尿量减少等现象。

4）作业姿势异常

疲劳可以从疲劳人员作业的姿势中看出来。在作业姿势中，立姿最容易疲劳，其次是坐姿，卧姿最不容易疲劳。

据有关资料表明，作业疲劳的姿势特征主要有：

（1）头部前倾；

（2）上身前屈；

（3）脊柱弯曲；

（4）低头行走；

（5）拖着脚步行走；

（6）双肩下垂；

（7）姿势变换次数增加，无法保持一定姿势；

（8）站立困难；

（9）靠在椅背上坐着；

（10）双手托腮；

（11）仰面而坐；

（12）关节部位僵直或松弛。

5）工作的质量和速度下降

疲劳会导致工作质量和速度下降，差错率或事故增加。我国铁路交通事故统计资料表明，1978年12月至1980年10月，因为乘务员瞌睡引起的重大行为事故占总事故的42%。同样，在需要高度集中注意力的工厂（如纺织厂）中，由于疲劳而导致的疏忽所造成的悲惨事故也数不胜数。即使是身体十分健壮，操作技术很不错的员工，在疲劳的状态下，特别是在极端异常的情况下，也会做出错误的操作。

2. 从功能特点对疲劳分类

从疲劳发生的功能特点来看，可以将疲劳分为生理性疲劳和心理性疲劳。

1）生理性疲劳

生理性疲劳是指人由于长期持续活动使人体生理功能失调而引起的疲劳。例如，铁路机车司机长时间的连续驾驶之后，会出现盗汗或者出冷汗、心跳变缓、手脚发冷或者发热、尿液中出现糖分和蛋白质等现象，这些都是生理性疲劳的表现。

生理性疲劳又可以分为肌肉疲劳、中枢神经系统疲劳、感官疲劳等几种不同的类型。

（1）肌肉疲劳。它是指由于人体肌肉组织持久重复地收缩，能量减弱，从而使工作能力下降的现象。例如，车床员工长时间加班劳动，就会出现腰酸背痛、手脚酸软无力、关节疼痛、肌肉抽搐等现象。这些都是肌肉疲劳的明显表现。

（2）中枢神经系统疲劳。它也被称为脑力疲劳，是指人在活动中由于用脑过度，使大脑神经活动处于抑制状态的一种现象。比如，当学生在经过长时间的学习或考试后，会出现头昏脑胀、注意力涣散、反应迟缓、思维反应变慢等现象。

（3）感官疲劳。它是指人的感觉器官由于长时间活动而导致机能暂时下降的现象。例如，司机经过长途驾驶后，会出现视力下降、色差辨别能力下降、听觉迟钝等现象。所有这些表现，都表明了人体感官功能的疲劳状态。

以上的肌肉疲劳、中枢神经系统疲劳和感官疲劳，这三者是相互联系和相互制约的。就司机来说，他的疲劳主要是中枢神经系统疲劳和感官疲劳，特别是视觉器官最先开始疲劳，随之就是肌肉疲劳的发生。这是由于在公路上长时间行驶，必须时时刻刻注意道路上千变万化的状况，这使得司机的眼睛和大脑长时间持续保持高度紧张状态，特别是在高速行驶时，司机眼睛的工作负荷很重，大脑要连续不断地处理路上各种突发的情况。在这种情况下，司机的以上两项疲劳很容易出现。

2）心理性疲劳

心理性疲劳是指在活动过程中使其他功能降低的现象，或者长期单调地进行重复简单作业而产生的厌倦心理。比如车床操作员工，负责的机床工作是长时间不变的，在每天的反复操作中，听到的是同样的机床运转嘈杂声，进行同样的操作流程，感觉器官长时间接受单调重复的刺激，使得操作员工的大脑活动觉醒水平下降，人显得昏昏欲睡，头脑不清醒，从而会引起心理性疲劳。

心理性疲劳和生理性疲劳有显著的差别，它与群体的心理氛围、工作环境、态度和动机，以及与周围同事的人际关系、自身的家庭关系、工作的工资制度等社会心理因素有密切的关系。就好比足球比赛后，胜负双方的疲劳感觉是完全不一样的。

3. 根据疲劳发生的过程进行分类

从疲劳发生的过程来看，可以将疲劳分为急性疲劳、亚急性疲劳、日周性疲劳和慢性疲劳。

1）急性疲劳

急性疲劳主要是由于在连续作业中，由于作业姿势不良、作业动作不规范、作业方式不当及作业负荷过大等原因造成的。这一疲劳种类以活动器官的机能不全、代谢物恢复迟缓、中枢性控制不良为特征；自我感觉主要是紧迫感、痛苦和极度疲乏；其症状是肌肉疲劳和疼痛，以及由于全身动作而造成的呼吸循环紊乱，作业准确度降低，心跳阻滞。

2）亚急性疲劳

这主要是指在反复作业中所产生的渐进性不适。它产生的原因，除了急性疲劳的原因以外，还包括休息不充分，作业环境不良。它会使人产生意欲减退，无力感，表现为协调动作的混乱、视觉疲劳、监视能力下降。

3）日周性疲劳

日周性疲劳主要是指从前一个劳动日到次日的生活周期的失调，主要是由于负荷太大、劳动时间分配不当、轮班制劳动和不规则生活造成的。它会让人发困、懒倦、集中困难、烦躁，以及产生各种失调症状，表现为作业曲线下降、意识水平降低、全身运动机能不全、出汗过多、虚脱、睡眠不足等。此外，还表现为脑力功能减弱，注意力集中不良和信息处理不佳，自律神经系统机能失调。

4）慢性疲劳

慢性疲劳是在数日到数月的生活中积累过量劳动产生的，它是由于繁忙、过于紧张、得不到休养、生活环境不顺造成的。它使工作者感到疲劳、无力，表现为作业能力低下、身体调节不良、情绪不稳、失眠等，导致慢性睡眠不足，腰痛，颈、肩、腕障碍，工作意愿降低，缺勤。

4. 根据疲劳的发生部位进行分类

从疲劳的发生部位来分，疲劳可以分为局部疲劳和全身性疲劳。前者指人体个别器官的疲劳；后者指整个身体的疲劳。全身性疲劳是由局部性疲劳逐步发展而形成的。

5. 有效消除疲劳的措施

1）工间暂歇

工间暂歇是指劳动过程中的短暂休息，例如动作与动作、操作与操作、作业与作业之间的暂时停顿。工间暂歇对保持工作效率有很大的作用，它对保证大脑皮层细胞的兴奋与抑制、耗损与恢复、肌细胞的能量消耗与补充有良好的影响。心理学家认为，在操作中有短暂的间歇是很重要的，每个基本动作（操作单元）之间至少应该有零点几秒到几秒的间歇，以减轻员工工作的紧张程度。苏联工业心理学家列曼认为："有人认为最短和最快的动作是最好的，其实这是完全错误的，因为这种操作方法会引起员工的过度疲劳，因此必须要有适当的间歇时间。"工间暂歇的合理安排，数量多寡和持续时间的正确选择非常重要。一般来说，工作开始时工间暂歇应该较少，随着工作的继续进行应该适当加多，尤其是较为紧张的体力和脑力劳动，流水作业线作业应适当增加工间暂歇的次数和延长持续时间。

2）工间休息

在劳动中，机体尤其是大脑皮层细胞会遭受耗损。若作业继续进行，则耗损会逐渐大于恢复，此时作业者的工作效率势必逐渐下降。若在工作效率开始下降或在明显下降之前，及时安排工间休息，则不仅大脑皮层细胞的生理机能得到恢复，而且体内急需的氧气也会及时得到补偿，因而有利于保持一定的工作效率。心理学家指出，休息次数太少，对某些体力或心理负荷较大的作业来说，难以消除疲劳；休息次数太多，会影响作业者对工作环境的适应性与中断对工作的兴趣，也会影响工作效率或在工作中分心。因此，工间休息必须根据作业的性质和条件而定。

休息的方法也很重要。一般重体力劳动可以采取安静休息，也就是静卧或静坐。对局部体力劳动的作业，则应加强其对称部位相应地活动，从而使原活动旺盛的区域受到抑制，处于休息。作业较为紧张而费力的，可多做些放松性活动。一般轻、重体力劳动和脑力劳动，最好采取积极的休息方式，例如打羽毛球、做工间操等，效果相对较好。

3）业余时间的休息

工作后生理上或多或少会有一些疲劳，因此注意业余时间的休息同样重要。要根据自身的具体情况适当合理地安排休息、学习和家务活动，而且应该适当地安排文娱和体育活动，例如郊游、摄影、培养盆栽等。当然，安静和充足的睡眠也是非常必要的。

4）调整轮班工作制度的周期

有研究表明，班次更迭过快，员工对昼夜生理节律改变的调节难以适应，势必使大部分员工始终处于不适应状态。有人对3种轮班制度进行了比较，认为最佳方案是根据生理节律的特点，早、中、晚班分别从早晨4点、中午12点和晚上8点开始上班。轮班应该轮换得慢些，即每上一种班的时间都要长达一个月。目前大多数学者认为，每个月的夜班次数最多不超过14天为宜，长期从事夜班工作有害于员工健康，影响工作效率，有碍生活的乐趣。

5）对轮班工作人员的休息予以充分的照顾

企业应该对进行轮班工作的员工给予充分的关心和照顾，尽量创造良好的条件，使轮班工作人员得到充分休息，例如设置上中班和夜班的员工的休息宿舍。在这方面，铁路运输部门有相当完整的举措。由于铁路运输单位目前大多数采取包乘制，导致铁路机车乘务人员的工作时间和周期机动性比较大，当运输任务比较重、比较紧的时候，机车乘务人员的工作强度会更大，并且睡眠时间更难以保证。在这种情况下，铁路在各个较大的机务段所在地和各大中车站都设有员工公寓，尽量创造安静和舒适的环境，使倒班工作的机务乘务人员能够得到及时良好的休息。

6）建立合理的医疗监督制度

对轮班工作人员应该建立一套医务档案，定期对其生理、心理功能进行检查。特别应该针对年龄较大、工龄较长并且其心理和生理功能开始下降的劳动者，更应该加强诊断和治疗。企业可以和医院建立紧密联系，使轮班工作者能够经常得到简易的检查，了解其一段时间内休息是否充分，睡眠是否充足，有无疲劳感等；定期对其生理、心理进行较为详尽的检查，作为医务监督，指导或调整个别不宜再继续进行轮班工作的人员，预防、控制由于疲劳而产生事故的隐患。

2.3.6 心理状态与不安全行为

很多交通事故都是由于肇事人的心理状态不适合驾驶汽车造成的。例如有的司机因为家中有急事而匆忙开车，注意力大部分被分配到关心家中情况上，导致对于路面状况和周围环境注意的分配不够，对于突发情况无法及时地转移注意力。

同样在生气或悲伤的心理状态下，人对于突发状况无法做出和平时一样的正确判断，或者采取在正常的状态下不会采取的应对措施，这样也会在生产操作中造成极其危险的结果。

1. 心理负荷

心理负荷其实是心理工作负荷的简称，指的是单位时间内人体承受的心理活动工作量，主要出现在监视、监控和决策等不需要明显的体力负荷的场合。有关心理工作负荷的概念，目前在学术界仍有许多不同的看法，其中较为有影响的是谢里登和D. W. 扬斯的观点。他们认为，心理工作负荷是反映监视、控制、决策等活动工作量的重要指标。

一般认为，心理工作负荷可分为信息接受、中枢信息加工、控制反应等。不同功能的信息加工要求心理上做出不同的努力。在同样的输入负荷下，随着动机和经验的增长，人所体验到的心理工作负荷下降。有时在输入负荷变化（如增加）的情况下，操作者可以改变操作策略或改变内在绩效标准，而不改变心理负荷。长期地承受高心理负荷，就有可能损害人的神经系统功能，引起心血管系统、消化系统的疾病，对人的认知能力、情绪状态产生不利的影响。

对于心理负荷的程度，有以下几种不同的测量方式：

1）主作业测量

根据资源理论，操作的难度增大，它的资源需要也随之增大，剩余资源相应减少，心理工作负荷也相应地随之上升，必然导致操作绩效的下降。因此，只需要测量评定各操作的绩效特征，就可以掌握操作者承受工作负荷的情况。也就是说，通过改变操作的难度，同时测定绩效的水平，就可以测量和评定不同工作的负荷状况。

2）辅助作业测量

在从事主作业的同时，进行另外一项辅助作业（或称为次作业），通过测定辅助作业的绩效，从而评价主作业中的工作负荷状态。研究者通过引入新操作（辅助作业）来"吸收"操作者的剩余资源。可以认为，辅助作业的操作绩效与主作业的工作负荷成反比。

3）生理效应测量

心理工作负荷可以产生各种各样的生理效应。可以通过测量工作负荷对大脑诱发电位、瞳孔直径和心率变异的影响来衡量心理工作负荷的大小。

4）主观效应测量

心理工作负荷对于身体的主观感受的影响是多种多样的。例如，它可以引发个体对工作态度的改变，可以引起人际关系的不协调。心理工作负荷对主观感受的影响，一般通过设计适当的心理评定量表来测定。

通过以上介绍的几种衡量心理工作负荷程度的方法，可以判断出个体的心理究竟处于何种负荷状态，当各方面的指标都较低的时候，可以认为，个体处于心理低负荷状态。

2. 心理负荷的分类

一般来说，可把心理低负荷分成如下两种：

一是由于操作任务太少，使心理资源闲置而无法紧张起来所形成的心理低负荷状态。

二是由于操作任务太多，透支心理资源、高度紧张而形成的心理低负荷状态。

两种心理低负荷状态都会引起人的警觉水平下降，反应迟钝，心理焦躁不安，从而影响安全生产。

3. 心理低负荷状态对操作安全的影响

随着机器自动化程度的提高，机器的功能更先进，而人只能是一个监视者和旁观者，人只是机器的"伺服系统"（伺候和为机器服务）。这造成心理资源闲置而无法紧张起来所形成的心理低负荷状态，对操作安全的影响主要有：

（1）人的操作状态不能被有效激活，容易引发事故。

（2）人的警觉水平降低，使事故不能被及时、准确地发现和排除。

（3）人—机之间的关系不匹配，容易带来伤害和事故。

人在心理状态好、情绪高涨时，可以提高产量8%；相反，在生气或情绪低落时，发生事故的起数能占60%以上。因此，掌握和控制心理状态，工作中保持良好的情绪，是保证安全生产的重要条件。

2.3.7　学习与不安全行为

学习是任何一个组织、企业都需要的重要环节。组织、企业通过学习来适应环境和应对变化，学习的效果和成败直接关系到组织、企业的生存和发展。因此组织、企业必须对自己的学习能力、内容、方式、效果等不断进行重新审视和检讨。企业的安全行为也必须从学习的角度去进行探讨和研究。

我国的许多企业由于计划经济的影响和管理观念的落后，一直不太重视培训，并且把学习看成是读读报纸、念念相关的规则，流于形式。许多操作和相关行为都是采取师傅带徒弟的方式，没有统一的、规范的要求。近几年情况虽有所改观，但根本问题还是没有得到解决。绝大多数企业重考轻学，考试虽然多了，但整体水平并没有提高，尤其是操作技能的学习并没有改观，而是代之以各式各样的"技术大比武"，表面的轰轰烈烈掩盖了整体技能的贫乏。这样的学习必然带来很多副作用，其结果只会是造成学习错误。

1. 学习错误与安全行为

企业中的学习是企业为适应业务的发展和培养人才的需要，对员工运用学习理论，采用训练、进修、参观等各种形式，有计划地提高员工的素质，以期达到强化员工的优良心理和促进员工能力的发展，增进所需知识和技能，使员工能胜任当前工作。员工通过学习学到了正确的操作方法、操作程序、规章制度等，在以后的工作中就能够正确地运用这些知识、技能，从而提高在工作效率，减少事故率。但目前许多企业，对学习不是很重视，学习流于形式，在安全管理中重管理和规章的执行，没有认识到学习的重要性。

一般来说，导致员工学习错误的原因可以归纳为以下3个方面。

（1）学习过程中所传授的内容本身就是错误的。在企业的培训内容中，可能存在着一些本身就是不正确的东西，然而企业自己并没有发现在培训内容中存在着导致不安全行为的有待改进的东西，因此致使这类内容一直被当成正确的而传授给员工。这样就造成了在整个企业范围内所有员工都在进行同样的错误操作，这样的错误是很难被发现的，对企业的安全生产有着很严重的不利影响。

（2）教师在传授过程中出现错误，致使员工在学习过程中接收到了错误的信息，在生产中就会出现不正确的操作，导致不安全行为的发生。这种错误很容易被发现并纠正，因为生产中会发现其他的老员工有着不同的操作行为，从而会改正自己不正确的行为。

（3）员工在理解方面出现了问题，从而接收到了错误的信息。这种错误也容易被发现和纠正。

不管是由于何种原因引起的学习错误，都会在企业的生产活动中形成一定的不安全行为。这种不安全行为有的容易改正，有的不容易改正。比如，第二种和第三种原因引起的学习错误，当他们在生产中发现自己和别人的操作行为不同时，就会发现自己的错误，进而进行改正。这种错误因为有他人的行为时刻给自己做榜样，时刻提醒自己改正自己的行为，相对来说，是比较容易改正的。然而若是第一种原因引起的学习错误，其不利的影响是深远的，而且也是不易改正的。因为人一旦学会了，时间久了，就会形成一种惯性，且不易改正，尤其这种错误是大家都存在的，在生产中没有现成的模板以不断地提醒自己要进行改正，造成在很长一段时间内很难改正这种错误的行为。

因此，企业在组织员工进行学习前，应认真地审查要教授给员工的教材，尽可能地减少其中的错误内容，把正确的知识和技能传授给员工，达到让员工学习的目的，确保企业的安全生产行为。

2. 学习迟钝者与安全行为

学习迟钝者是指在企业中有一些人，他们总是无法学会一项或几项技能，或者学会后很快又忘记了，无法真正掌握操作技能。这种现象较易出现在没有彻底打破"大锅饭"的国有企业及没有按照科学化的方法进行人员甄选、录用的企业。

学习迟钝很严重的操作人员很容易就能被识别出来，但对那些轻微的、一时没有表现出来的操作人员，只能通过科学的人员测评方法把他们筛选出来。他们有着潜在的不安全行为，是安全管理的一个隐患。

近几年，在管理上提倡塑造学习型组织，学习已经成为组织的重要管理内容，在安全管理方面也应该重视学习。对安全行为学的学习也应该纳入组织管理，作为安全管理的重要内容来进行推广和应用。

3 煤矿职工不安全行为 HFACS – CM 模型的构建与分析

煤矿生产系统是一个由员工、设备、设施、环境等要素构成的人、机、环交互作用的系统。由于对物（机或环）的安全管理也是通过煤矿员工行为管理实现的，所以煤矿管理者的直接管理对象是煤矿员工行为，也就是说，煤矿管理者是通过煤矿员工行为管理来履行安全管理职责的。煤矿安全管理就是煤矿管理者通过实施各种安全管理行为对煤矿员工施加影响，促使煤矿员工更多地选择安全行为，进而促使生产系统中的各种设备、设施、环境、生产过程等更加安全和可靠，以实现完成煤矿生产任务、预防生产事故发生的目的。

人为因素分析与分类系统（HFACS）是基于 Reason 模型提出的一种用于调查和分析航空事故中人为因素的方法，可以较好地从组织影响、不安全的领导行为、不安全行为的前提条件以及不安全行为四个层次详细分析事故发生的人因因素。在事故的人因分析中，HFACS 模型具有重要的指导作用，当前被广泛应用在各个领域。本章主要是基于传统的 HFACS，提出适用于煤矿的 HFACS – CM 模型，对职工不安全行为影响作用机制进行分析。

3.1 煤矿人因分析与分类系统 HFACS – CM 模型的建立

目前 HFACS 分析框架已经被广泛应用到航空、铁路、煤炭以及医疗等行业中的安全事故调查中，已成为分析安全事故原因的重要工具之一。2006 年，Stephen Reinach 调查了 6 起铁路事故，首次修改了人为因素分析与分类系统（HFACS），提出了适用于铁路行业的 HFACS – RR 模型，该模型增加了外部因素：监管失察和经济政治、社会和法律环境。2008 年，Baysari 通过 HFACS 模型对澳大利亚 40 起铁路事故进行分析，发现澳大利亚铁路多数事故都与设备故障有关。2010 年，Patterson 等根据煤矿的实际情况，提出煤矿行业的 HFACS – MI 模型，并利用该模型研究了澳大利亚 508 起煤矿事故状况，发现技能差错是最常见的不安全行为，而决策差错在不同类型的煤矿中表现不同。2011 年，Michael G. Lenné 以澳大利亚 263 起煤矿事故为样本，按照 HFACS 框架的原因进行统计，并分析事故原因之间的让步比和置信区间。2013 年，Shih – Tzung Chen 将霍金斯

SHEL 模型与 HFACS 模型中不安全行为的前提层级结合，提出海事事故的 HFACS – MA 模型，并通过一起海事事故进行案例分析，对该模型进行了验证。

虽然煤矿 HFACS – MI 模型在 HFACS 框架的基础上增加了影响人不安全行为的外部因素，但对外部因素、事故发生前的预防措施及事故发生后的应急处理措施有待于进一步深入研究。为此，基于考虑中国煤矿事故发生的深层原因，增加外部环境（管理因素、政治因素、经济因素、历史因素）层级，同时修改第2、3层级，增加应急处理差错、计划不充分环节，提出了 HFACS – CM 模型，深入研究中国煤矿生产中人的不安全行为及不安全行为的影响因素，从而更好地指导煤矿事故预防与监管工作。改进后的煤矿人因分析与分类系统 HFACS – CM 模型如图 3 – 1 所示。

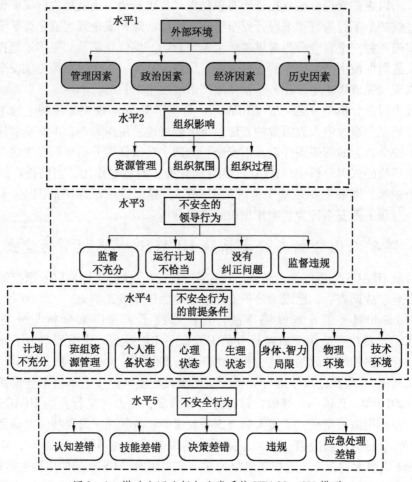

图 3 – 1 煤矿人因分析与分类系统 HFACS – CM 模型

3.2 基于 HFACS – CM 模型的职工不安全行为影响研究

3.2.1 外部环境因素的影响研究

近年来，随着经济的发展、工业化进程的加速、社会和谐发展的需求及民众监督力量的放大，使得煤矿企业安全生产问题备受关注。由于一线员工的安全行为是安全生产的基石，为了提高矿工的安全行为水平，国家颁布了各类法律法规及政策，对煤矿企业进行管理，同时加强对煤矿企业的监管监察，加强其安全管理工作，减少煤矿事故的发生。

1. 管理因素

管理因素主要指政府规章制度、政策，主要表现为针对煤矿安全制定的国家以及地方法律法规以及监管机构的执行，如国务院和各级政府下发的煤矿安全生产专项整治和停产停顿的指令书。

在管理因素上，若煤矿行业的安全监督检查缺乏强有力的规范和有效的控制手段，极容易造成煤矿事故的发生。通过对近 20 年的重大煤矿事故的分析，负责安全工作的被惩罚的行政官员总数达到 500 多人。政府相关部门的监管不力在所有的致因类别中是发生频率最高的，提高监管部门的监管水平是政府需要认真考虑的重大现实需求。

近年来，国家及各级管理部门不断制定相关的法律、法规和规章制度，以减少甚至消除事故隐患。但有关监督监察部门若对煤矿安全生产重视不够，对存在安全隐患的矿井不认真调查了解，疏于对煤矿的管理及监督检查，使得煤矿企业存在的安全隐患不能被及时发现，特别容易造成煤矿事故的发生。

2. 政治因素

这里的政治因素是指根据煤矿生产形势制定的政策方针。煤炭生产过程中法律保障体系及政策方针的不完善是安全生产事故频发的主要原因之一。由于有关煤矿法律法规及方针政策的缺乏，一些煤矿经营者不考虑员工的安全行为，使得矿工的生命和财产得不到有效保护，因此，间接增加了发生安全生产事故的可能性。

随着我国的发展，国家及政府对安全越来越重视，陆续颁布了与安全生产有关的法律法规和标准，如《安全生产法》《职业健康安全管理体系规范》《煤矿安全评价导则》《安全评价通则》和《煤矿安全风险预控管理体系》等。这些法律法规和标准的陆续颁布，将安全生产工作提升到新的高度，使得有关安全生产的规定更加具有执行力和遵守力。在国家和政府层级上，从大的安全生产领域层层递进到具有生产特殊性的煤炭行业领域，法律的逐步完善将煤矿安全生产工作逐步规范。

3. 经济因素

从经济因素看，由于我国经济发展良好且发展迅速，对重工业产量的需求很大。因此，煤炭的价格和需求都在不断上涨，这导致了许多煤矿开采量急剧增加，这期间煤矿事故频发。但是，随着经济放缓，市场需求下降，煤炭价格开始下降，煤炭企业生产和经营的困难，产能问题变得越来越严重。在此背景下，煤炭企业逐渐减少了对生产和安全方法的投资，以降低成本，从而导致专业和特种操作人员的流失，以及技术专长的削弱。

自从国家改变了政策，不再对煤矿企业进行资金投入以后，使得许多煤炭企业面临着资金紧张的困境。另外，由于部分中小型企业对于后续的资金投入不足，企业的管理阶层缺少工作积极性，从而导致煤矿企业严重缺乏管理文化，而企业管理文化的缺失，会导致企业的管理结构不合，会大幅度提升问题的发生率，进而导致煤矿意外事故的频发。

4. 历史因素

从历史因素看，经过半个多世纪的煤炭开采，一些老矿区的煤炭资源逐渐萎缩和枯竭。一方面，存在煤窑地质资料不全、情况不明的情况，煤矿对隐蔽致灾因素普查不认真、不彻底；另一方面，在煤矿现有生产区内存在历史上小煤窑的采掘巷道或者采空区（古空区），这些旧巷道由于煤矿重视不够，未将旧巷道或采空区标注在图纸上，造成探放水设计不到位、不彻底、针对性不强，存在重大安全隐患。

3.2.2 组织影响因素的影响研究

组织是一个被人们广泛使用的词语。一般认为，组织就是为实现一定目标而组建的、能够比个人更有效工作的群体或社会实体。广泛地说，组织行为就是组织在实现组织目标过程中所表现出来的各种行为。煤矿是一个以煤矿生产为目的而建的组织，高层决策虽然看上去并不对事故负直接责任，但未能及时识别出的决策瑕疵却很可能导致事故发生。

1. 资源管理因素的影响

资源管理是指有关组织资产的分配和维护的企业层面的决策，如人力资源、财政资源和设施设备等。

在组织安全问题上的投资，组织管理者往往希望能够经济有效且见效快。然而在面临财政紧缩时，管理者往往首先考虑裁减安全和培训等方面的资金投入，同时停止更换老旧设备等，这给组织安全带来了长远的安全隐患。

2. 组织气氛因素的影响

组织气氛所包含的表现形式有很多，例如行政管理结构存在缺陷、管理政策的不科学或不公平、公司的文化氛围等。

组织结构是整个组织日常运作的框架，是组织成员分工与协作的基础。合理的组织结构能够提高煤矿管理者的安全管理效率和效果，促使煤矿职工做出更多的安全行为选择；而不适当的组织结构会降低煤矿管理者的安全管理效率和效果，促使煤矿职工做出更多的不安全行为选择。

组织的文化气氛尤其是良好的安全文化气氛，能够促进安全管理工作。公司里的规章制度、标语口号、文字图标等属于静态气氛因素，员工的精神面貌、领导讲话、其他成员的言谈举止等属于动态气氛因素。而员工的态度与上述静态气氛因素和动态气氛因素密切相关，可以说态度就是这两类因素长期作用的结果。组织成员会观察他们所处的工作环境（静态气氛因素）以及同事和领导的行为（动态气氛因素），并且用他们这种观察作为基础来构建自己的安全认知模式，进而调整自身在工作场所中的行为。

因此，良好的组织气氛能够使煤矿员工拥有相同或相似的安全心理感受或态度，有利于煤矿员工做出更加一致的安全管理决策和行动，减少冲突，提高煤矿安全管理效率。

3. 组织过程因素的影响

组织过程因素指的是组织里日常活动的行政决定和规章制度，包括制定和使用标准操作的程序。一方面包括了操作方面的规定，如操作的速度、时间、生产定额、时间表等；另一方面是流程，如标准、清楚明确的目标、文献资料和指令等；最后是监督，包含了风险管理（Risk management）和安全项目（Safety programs）。如果组织层面关于操作速度方面的要求超出了操作人员的能力，就可能让操作人员在加速完成任务过程中犯错。因此，属于组织过程的事故致因常表现为组织层面的决策和工作层的人员的需求不匹配。

组织影响因素见表 3 - 1。

3.2.3　不安全的领导行为因素的影响研究

煤炭企业的领导可以分为高层管理者和基层管理者。他们是煤炭企业安全管理制度、监管的主体。虽然他们不是安全措施最直接的落实者，但是他们对于安全问题的态度和承诺，以及他们在煤矿安全生产中的行为表现，将形成领导安全因素。好的领导风格和有效的安全激励，可以对煤矿工人的安全行为起到正激励；反之，则会对煤矿工人的安全行为产生消极影响。

领导行为是引导和影响个人或组织，在一定条件下实现目标的行为过程。在组织中领导者的作用和使命就是要促使集体和个人做好本职工作，为组织目标的实现做出积极的贡献。自上而下的支持，尤其是管理层的积极、务实和持续的支持，是确保安全和效益的关键之一。

组织中的结构及氛围因素能直接影响组织里的领导的行为，领导者的主要职

表3-1 组织影响的实例

资源管理不到位	组织氛围差	组织过程不合理
	组织结构	生产
	行政管理系统	生产任务的安排
人力资源	信息的沟通	生产节奏
人才选拔	监督者的亲和力	时间压力
员工培训	工作的责任	进度表
岗位配置	组织政策	程序
财务资源	岗位晋升	绩效标准的制定
过度消减成本	员工的招募、解雇	生产手册
物资	事故调查和处理	组织规范
采购的设备不合格	组织文化	监督
设备性能比较差	标准和规章制度	制定安全计划
未纠正已知的设计缺陷	组织习惯	风险管理计划
	价值观、信念、态度	安全监督过程

注：所列的并不是全部内容。

责是监督与决策，良好的组织氛围与合理的组织结构能够充分发挥领导者的作用，更好地进行安全管理。

1. 领导监督不充分

监督不充分，即监管不力，指领导者未向操作者提供恰当的指导、培训、监督、激励，其主要表现为未给员工提供适当培训、专业指导，领导者缺乏责任感、对管理工作重视不够，领导者没有受过训练、缺乏威信。监管监督不充分也包括：未能提供指导、未能提供操作说明、未能实施监督、未能提供培训、未对资质进行检查、未对表现进行跟踪监测等。

如果企业管理者没有认真履行监督职责，没有及时发现企业存在的安全隐患，虽然这种行为有时并不会像煤矿职工的不安全行为那样直接导致煤矿生产事故的发生，但是这种行为却会给煤矿员工不安全行为管理工作造成不利影响，甚至间接地导致煤矿生产事故的发生。

2. 运行计划不恰当

决策与安全的关系密不可分。领导者的主要职责是决策，然而，领导者不是完人，由于经验、身份、专业知识、行为习惯等多种限制，所做出的决策会有一定的风险，并且可能会产生偏差。运行计划不恰当包括：未能提供正确的数据、未能提供任务前说明、不合适的人员配备、未按规定执行任务等。

生产计划不恰当会影响班组绩效，决策错误有时对安全会造成重大的影响。

因此，领导者在做出事关安全的决策时必须十分慎重，在安全投入与经济效益发生矛盾时，要优先考虑安全的需要，安全是无形、潜在的效益。

3. 没有纠正问题

没有纠正问题是指监管者明知个人、设备、培训以及其他与安全相关的领域存在缺陷和不足，但是仍然批准工作继续进行等问题。没有纠正问题包括：未能更正错误文件、未能辨识存在风险的煤矿职工、未能采取更正措施、未能汇报不安全趋势等。

Lewin、Lippitt 和 White 提出了三种领导风格理论，该理论认为领导行为包含如下 3 种领导风格：

（1）独裁式领导。

（2）民主式领导。

（3）放任式领导。

当煤矿职工存在不安全行为时，若领导者发现问题却未及时指出问题所在，极大可能导致职工不安全行为的养成。领导者对职工很少提供指导和支持，倾向于放任自由，也很少给予意见或是指示，职工出现错误行为，也不纠正、干涉，这种领导方式属于放任式领导，对安全管理具有明显的消极作用，也是导致煤矿职工不安全行为产生的隐性原因。

4. 监督违规

监督违规是指领导者故意无视已有的规章制度等，在履行监督的职责时，玩忽职守，不按照规章制度办事，明知违反规定仍然一意孤行，故意违反监管规定或条例。

不安全的领导行为因素见表 3 - 2。

表 3 - 2　不安全的领导行为的实例

监督不充分	运行计划不恰当	没有纠正问题	监督违规
安全教育不到位 没有提供专业指导、监督 缺乏责任感 监督者缺乏威信 监督者没有受过培训 任务过重	班组成员搭配不当 没有足够的休息时间 工作负荷过重 没有足够的操作时间	没有发现问题 没有纠正不适当行为 没有汇报不安全的趋势 隐患排查不到位	没有执行规章制度 违规的程序 无证上岗

注：所列的并不是全部内容。

联合国职业健康和安全管理署（OSHA）已经确认了领导者在安全管理中的

作用和权力，并且把管理层领导定义为安全体系设计中的一个关键性要素。仅有良好的安全专业技术人员，并不能保证良好的安全管理效果，对安全管理积极务实有效的领导行为，才是保证员工具有安全健康的工作环境的关键。

3.2.4 不安全行为前提条件的影响研究

根据统计，几乎80%的事故都是由操作者的不安全行为直接导致的。因此，必须知道不安全行为为何会发生，即分析不安全行为的前提条件：人员因素、操作者状态、环境因素，如图3-2所示。人员因素主要包括：计划不充分、班组资源管理、个人的准备状态。操作者状态主要包括：心理状态差、生理状态差、身体智力局限。环境因素主要包括：物理环境和技术环境。

操作者产生不安全行为的前提条件，与组织中的领导行为具有直接关系。领导下达的各种命令与任务以及煤矿企业的各种规章制度，都会直接影响操作者的状态，进而影响操作者的行为。

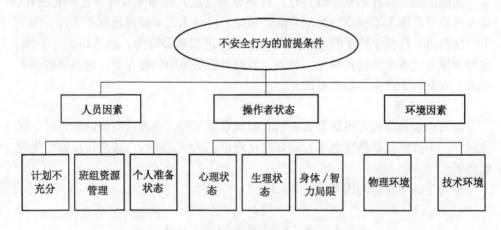

图3-2 不安全行为的前提条件的分类

1. 计划不充分

计划不充分主要表现为煤矿员工在采取行动时因忘记了相关的工作计划、安全管理规定和行为规范等要求，或者理解不正确等，致使其在决策时没有认识到工作任务或行动方案的不安全性，从而使他无意中选择了不安全的工作任务或行动方案。煤矿工人在上岗作业前对工作场所、工具、作业流程等方面做到安全确认，能够有效避免出现盲目蛮干等不安全行为的发生。

2. 班组资源管理

班组资源管理包括班组内和班组间的沟通交流、协同，如班组缺乏团队合作、信息互相沟通不畅、班组长缺乏领导才能等。良好的人际关系可以使煤矿工人在工作前不带负面情绪，能够心情舒畅地上岗作业，从而杜绝了带情绪作业产生不安全行为的可能性。

3. 个人准备状态

个人准备状态是指操作者在体力和精力上的准备状态，如未遵守休息要求、训练不足、饮食不好等。每个人的身体及精力状况不同，但煤矿职工因其生产任务繁重，使工人的身体经常处于劳累状态，在身体状况不佳时很容易做出错误的不安全行为选择。

4. 心理状态

人的心理是同物质相连的，它起源于物质，是物质活动的结果。人的各种心理现象都是对客观外界的"复写""摄影""反映"。但人的心理反应会有主观的个性特征。所以对同一客观事物，不同人的反应可能是不大相同的。

人的心理状态主要受个人情绪、气质、性格以及能力的影响。心理状态差容易影响操作人员绩效，例如警惕性低、注意力不集中等。显而易见，如果一个人的情绪处于亢奋或低潮等情况时，都会影响其工作质量。

5. 生理状态

生理状态差是指妨碍安全操作的个人生理状态，例如生病、身体疲劳、缺氧等情况。员工的生理状态既影响其对外界因素的感知力，也影响其行为的可靠性，因此很容易使员工做出错误的行为选择。

程承伟将员工的身体状况、操作能力等看作是影响员工不安全行为的重要因素。一般说来，员工的工作时间越长、工作任务越繁重，其身体状态越容易恶化。受采煤作业恶劣环境的影响，员工们的劳动时间往往很长，其煤矿生产任务也往往很繁重，这些都很容易使员工的身体处于劳累状态。在井下工作的作业人员时常表现出由于过度疲劳而导致的注意力涣散、意识模糊等生理状态，这种不良的生理状态会影响到工人的工作。如果不能及时发现并做出应对措施，作业人员极易表现出不安全生产的行为，从而导致其做出不安全行为，成为潜在的事故隐患。

6. 身体、智力局限

身体、智力局限是指操作要求超出个人能力范围的情况。对于身体或智力存在局限的煤矿职工，他们无法进行正常的操作，即使通过培训也是无法改变的，他们有着潜在的不安全行为，是安全管理的一个隐患。

7. 物理环境

物理环境是指操作者的周围环境，例如气象、照明不足、噪声、震动、粉尘等环境情况。人在生产劳动中，离不开一定的环境。人不仅以自己的存在和实践活动影响并改造周围的环境，反过来人也会直接或间接的受到周围环境的制约和影响，使人的心理和行为发生变化，从而发生判断失误、操作错误等，导致事故的发生。

在井下生产过程中，产生的大量有毒有害气体、粉尘和噪声难以消除，矿井涌水、淋水和积水时有发生。矿工长期在这样一个没有阳光、阴暗潮湿、空气定量供应并且质量较差的环境中工作，易使人多疑易怒，从而产生不安全行为。

因此，在这种特殊环境下进行采掘作业，矿工更容易出现违章行为，而且随着作业深度和广度的扩展，矿工工作的环境复杂性会逐步加大。

8. 技术环境

技术环境是指操作者自身所处的技术环境，如没有安全防护设备、控制设计不合理、设备不完好，检修不到位等。

技术环境状态包含两方面：一方面是设备的完备性，即生产设备和安全设施的配置是否能够满足生产和安全防护的需要，如瓦斯检测仪器、通风机不足，或生产设备和安全设施陈旧、老化、安全性能下降或不能正常运转等，导致不安全行为；另一方面是设备的人机匹配性，即设备或设施的配置是否符合人的生理特点和习惯，如操作工具的形状、布置，安全装置的设计、制造、安装等方面存在缺陷，也容易导致不安全行为。以上这些不足为不安全行为的发生创造了条件。

及时将井下煤矿工人的操作设备更新与妥善管理，积极引进先进的生产技术和工艺，通过技术创新提高装备水平，改进安全防护设备等，可以为煤矿工人提供更好的技术操作环境，减少因设备环境的不安全因素所引起的不安全行为。

3.2.5 不安全行为因素的影响研究

操作人员的不安全行为大致可以分为两类：差错和违规。差错是指导致没有达到预期结果的精神和身体活动。差错具体可以细分为：技能差错、决策差错、应急处理、认知差错。违规是指在违反组织制定的各项规章制度。违规可分为：习惯性违规和偶然性违规。不安全行为的分类如图 3 - 3 所示。

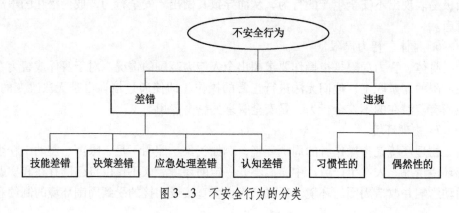

图 3 - 3 不安全行为的分类

58

1. 技能差错

技能差错一般指在生产过程中因为对设备使用的失误、对标准执行步骤的省略、人员注意力的分散、突然性记忆失效以及因个人先天能力和资质不同在任务过程中带来额外风险等因素导致的差错。

2. 决策差错

决策错误是指按预期进行的、但对实际情况不合适或不充分的有意识的行为，常指一些本意良好的错误，即在任务执行过捏中因为对情况掌握不充分而犯错。决策错误在事故调查中可划分为 3 类，包括程序性错误、不明智的选择和解决问题的错误。常见的几种决策错误表现为超出能力范围、不当的决策等。

3. 应急处理差错

在生产过程中，操作活动的需求随实际情景不断发生着变化，人适应这种变化的能力是有限的。当出现应急情况时，人的生理、心理及行为策略和方式都会发生变化。在应急情况下，由于紧张、准备不充分或者技能不达标等原因，往往会做出错误的处理方式，做出不安全行为的选择，从而导致事故的发生。

4. 认知差错

认知差错是指个人对于客观事物的感知和认识与实际情况发生偏差所导致时发生的差错。主要包括：视觉幻觉，方位感缺失，距离、大小、颜色判断失误等。

人对客观事物的认知，是从自己的感觉开始，通过概念、知觉、判断或想象等心理活动来获取知识的过程，即个体思维进行信息处理的心理功能。客观上的认知差错大多是在认知对象所处的客观环境有了某种变化的情况下产生的。当认知的情景已经发生变化时，人还以原先的认知模式进行感知，这是认知差错产生的原因之一。主观上的认知差错的产生与过去经验、情绪等因素有关。人对当前事物的感知总是受过去经验的影响，认知感受的产生也会受到过去经验的影响。认知差错对人认识事物有一定的消极影响。

结合煤矿的实际情况，在井下作业过程中，煤矿工人的心理状态和煤矿职工的风险感知能力是影响煤矿工人任职的主要因素。良好的心理状态有利于煤矿工人对各种情况做出正确的感知和判断，而不良的心理状态很有可能会导致煤矿工人做出错误的感知和判断，从而选择不正确的行为方式；煤矿工人的风险感知能力来源是对各种安全知识的学习和培训，通过记忆储存在大脑中，遇到紧急情况将储存的知识转化为对风险的感知能力。

5. 违规

违规分为偶然性违规和习惯性违规。偶然性违规指的是工作人员在个别情况下出现的违规操作，属于偶然情况。习惯性违规指的是工作人员经常出现的违规操作。有时候，由于工作人员频繁地进行某种违规操作，时间长了，这种违规操作就会成为工作人员下意识的行为，成为习惯，忘记这是一种违规行为。久而久之，不安全行为就会根深蒂固，就极有可能导致事故的发生。

不安全行为因素见表 3 – 3。

表3-3 不安全行为的实例

差 错	违 规
技能差错	
操作步骤遗漏	
注意力分配不当、走神	
过度依赖自动化设备	习惯性的
任务超过负荷	违反命令、规章和标准操作程序
技能水平不高，冒险作业	违反训练规则
决策差错	没有理解调度指令，习惯性操作
操作程序错误	没有认真核对设备，习惯性操作
超出能力范围	偶然性的
紧急情况处置不当	冒险作业
没有掌握系统知识	过时的或者没资格作业
知觉差错	严重违章作业
视觉差错	安全技术措施未执行
方向差错或者眩晕导致	
错误判断距离、高度	

注：所列的并不是全部内容。

3.3 基于 AHP 的煤矿 HFACS – CM 指标体系构建及权重计算

层次分析法（AHP）是美国学者 T. L. Saaty 提出的一种层次权重决策分析方法。该方法能够综合多方面因素，定性评价与定量分析相结合，对多目标、复杂问题展开准确的决策。为了进一步确定煤矿职工不安全行为因素权重，将 HFACS – CM 模型分析得到的各基本原因事件作为指标层的各影响因素进行层次分析。

3.3.1 层次分析法的基本原理及方法

1. 层次分析法的基本原理

层次分析法（The analytic hierarchy process，AHP）主要是以特征向量方法

为基础的数学原理，计算一致性测试的指标权重。

1）一致性指标 CI

$$CI = \frac{\lambda_{max} - n}{n - 1} \qquad (3-1)$$

式中　　n——样本数量；

λ_{max}——矩阵最大特征平均值。

若 $CI = 0$，则该判断矩阵一致性完全，若 CI 指标越大，则一致性越差。

2）一致性比例 CR

$$CR = \frac{CI}{RI} \qquad (3-2)$$

当 $CI = 0$ 时，判断矩阵具有完全一致性，CI 越大，判断矩阵的一致性就越差。一般而言，一阶或二阶判断矩阵总是具有完全一致性。对于二阶以上的判断矩阵，其一致性指标 CI 与同阶平均一致性指标之比，称为判断矩阵的随机一致性比例，记为 CR。一般当 $CR = \frac{CI}{RI} < 0.1$，就认为判断矩阵具有令人满意的一致性；否则，即 $CR \geq 0.1$ 时，就需要调整判断矩阵，直到满意为止。随机一致性指标 RI（Random Index）的值见表 3-4。

表 3-4　随机一致性指标 RI 的值

n	1	2	3	4	5	6	7	8	9
RI	0	0	0.58	0.9	1.12	1.24	1.32	1.41	1.45

2. 构建判断矩阵

层中的特征与其高级因子之间的相对重要性水平由专家评分的矩阵表示。为了比较这个级别的每个因素与某个因子的相对重要性，判断矩阵见表 3-5。

表 3-5　判断矩阵的形式

	A_1	A_2	A_3	⋯	A_N
A_1	a_{11}	a_{12}	a_{13}	⋯	a_{1n}
A_2	a_{21}	a_{22}	a_{23}	⋯	a_{2n}
A_3	a_{31}	a_{32}	a_{33}	⋯	a_{3n}
⋮	⋮	⋮	⋮	⋮	⋮
A_N	a_{n1}	a_{n2}	a_{n3}	⋯	a_{nn}

根据 T. L. Saaty 的 1 ~ 9 标度法对不同因子之间的相互比较结果进行评分，并将每个指标的重要性成对比较。不同重要程度分别赋予不同的分值，判断矩阵标度以及含义见表 3 – 6。

表 3 – 6　判断矩阵元素 A_{ij} 的 1 ~ 9 标度方法

标度	含　义
1	两个因子相比较，两者具有同样的重要性
3	两个因子相比较，其中一个比另一个稍微重要
5	两个因子相比较，其中一个相对另一个来说比较重要
7	两个因子相比较，其中一个相对另一个来说非常重要
9	两个因子相比较，其中一个相对另一个来说极其重要
2, 4, 6, 8	介于上面两个相邻判断值的中间
倒数	若 i 与 j 相比较的判断值为 b_{ij}，则 j 与 i 比较的判断值就为 $1/b_{ij}$

3.3.2　职工不安全行为影响因素指标体系的构建

前文选定了 5 个一级指标和 24 个二级指标，由此构成了煤矿职工不安全行为影响因素指标体系，见表 3 – 7。

表 3 – 7　煤矿 HFACS – CM 指标体系

目标层	准则层	方案层
基于 HFACS – CM 的安全评价指标体系	外部因素	管理因素 政治因素 经济因素 历史因素
	组织影响	资源管理 组织氛围 组织过程
	不安全的领导行为	监督不充分 运行计划不恰当 没有纠正问题 监督违规

表 3-7（续）

目标层	准则层	方案层
基于 HFACS - CM 的安全评价指标体系	不安全行为的前提条件	计划不充分 班组资源管理 个人准备状态 心理状态 生理状态 身体、智力缺陷 物理环境 技术环境
	不安全行为	认知差错 技能差错 决策差错 违规差错 应急管理差错

3.3.3　职工不安全行为影响因素指标的权重计算

应用 AHP 法构建风险层次分析模型，基本流程如图 3-4 所示。

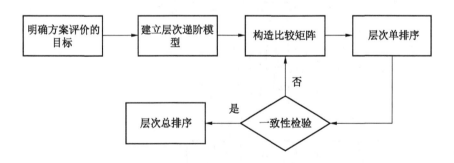

图 3-4　AHP 构建流程

在实际操作中，通常借助于 YAAHP 等专业软件求算出相关产量，如此极大精简了流程，大幅提高了工作效率。结合评价指标体系，建立的煤矿 HFACS - CM 的层次分析结构模型如图 3-5 所示。

构造对比判断矩阵。邀请业内专家对风险因素给出评分，能够保证评分的合理性、有效性。然后依据当前国内相关煤矿安全管理的程序和内容，按照该

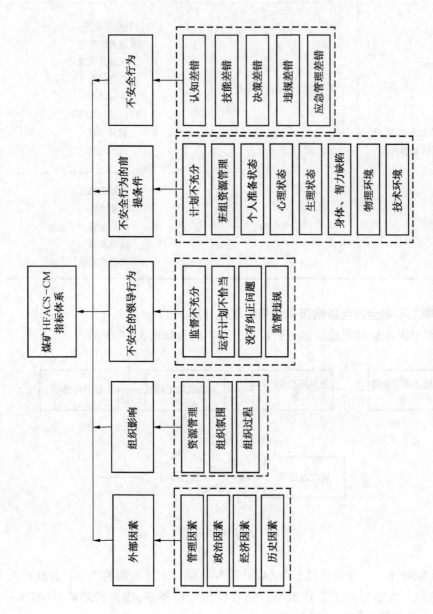

图 3 – 5 HFACS – CM 煤矿指标体系构建

64

HFACS – CM 安全评价的五个方面，分别进行讨论，提出项目实施过程中存在的各类风险，最大限度地挖掘潜在的风险，最终确定了每个阶段各自范围的质量风险源。

对 HFACS – CM 模型中外部环境、组织影响、不安全的领导行为、不安全行为的前提条件、不安全行为五个层次构造判断矩阵 S_1，S_2，S_3，S_4，S_5。

$$S_1 = \begin{bmatrix} 1 & 3 & 2 & 4 \\ 1/3 & 1 & 1/2 & 1 \\ 1/2 & 2 & 1 & 2 \\ 1/4 & 1 & 1/2 & 1 \end{bmatrix} \quad S_2 = \begin{bmatrix} 1 & 2 & 1/2 \\ 1/2 & 1 & 1/3 \\ 2 & 3 & 1 \end{bmatrix} \quad S_3 = \begin{bmatrix} 1 & 2 & 1 & 1/2 \\ 1/2 & 1 & 1/3 & 1/4 \\ 1 & 3 & 1 & 1 \\ 2 & 4 & 1 & 1 \end{bmatrix}$$

$$S_4 = \begin{bmatrix} 1 & 1/3 & 1/2 & 1/4 & 1 & 1 & 1/4 & 1/4 \\ 3 & 1 & 2 & 1/3 & 4 & 2 & 1/2 & 1 \\ 2 & 1/2 & 1 & 1/3 & 2 & 1 & 1/2 & 1/2 \\ 4 & 3 & 3 & 1 & 5 & 3 & 2 & 2 \\ 1 & 1/3 & 1/2 & 1/5 & 1 & 1/2 & 1/5 & 1/2 \\ 1 & 1/2 & 1/2 & 1/3 & 2 & 1 & 1/2 & 1/3 \\ 4 & 2 & 3 & 1/2 & 5 & 2 & 1 & 2 \\ 4 & 1 & 2 & 1/2 & 5 & 3 & 1/2 & 1 \end{bmatrix} \quad S_5 = \begin{bmatrix} 1 & 1/2 & 1/2 & 1/5 & 1 \\ 2 & 1 & 1 & 1/3 & 2 \\ 2 & 1 & 1 & 1/2 & 2 \\ 5 & 3 & 2 & 1 & 3 \\ 1 & 1/2 & 1/2 & 1/3 & 1 \end{bmatrix}$$

根据判断矩阵，计算判断矩阵 S 的最大特征根 λ_{max}，一致性指标 CI 值及一致性比率 CR 值见表3-8。

表3-8 判断矩阵 S 各项指标

判断矩阵 S	最大特征根 λ_{max}	因素个数 n	一致性指标 RI	一致性指标 CI	一致性比率 CR
S_1	4.0104	4	0.9	0.0035	0.0038
S_2	3.0092	3	0.58	0.0046	0.0079
S_3	4.0458	4	0.9	0.0153	0.0170
S_4	8.2351	8	1.41	0.0336	0.0238
S_5	5.0432	5	1.12	0.0108	0.0097

由表3-8可以看出，判断矩阵 S_1，S_2，S_3，S_4，S_5 的一致性比率 CR 值均小于0.10，因此可以认为层次分析排序的结果有满意的一致性，即权系数的分配是合理的。由最大特征 λ_{max} 根计算出 HFACS – CM 模型中事故致因因素的权重见表3-9。

表3-9 HFACS-CM 模型中事故致因因素权重

HFACS-CM 指标体系	权重	HFACS-CM 指标体系	权重
层次1：外部环境		层次4：不安全行为的前提条件	
管理因素	0.4778	计划不充分	0.0479
政治因素	0.1380	班组资源管理	0.1306
经济因素	0.2561	个人准备状态	0.0833
历史因素	0.1281	心理状态	0.2699
层次2：组织影响		生理状态	0.0403
资源管理	0.2970	身体、智力局限	0.0618
组织氛围	0.1634	物理环境	0.2119
组织过程	0.5396	技术环境	0.1543
层次3：不安全的领导行为		层次5：不安全行为	
监督不充分	0.2254	认知差错	0.0935
运行计划不恰当	0.1005	技能差错	0.1815
没有纠正问题	0.2968	决策差错	0.1955
监督违规	0.3774	违规	0.4247
		应急处理差错	0.1048

由表3-9可知，在外部环境权重排序中，管理因素>经济因素>政治因素>历史因素；在组织影响权重排序中，组织过程>资源管理>组织氛围；在不安全的领导行为权重排序中，监督违规>没有纠正问题>监督不充分>运行计划不恰当；在不安全行为的前提条件权重排序中，心理状态>物理环境>技术环境>班组资源管理>个人准备状态>身体智力局限>计划不充分>生理状态；在不安全行为权重排序中，违规>决策差错>技能差错>应急处理差错>认知差错。

煤矿职工不安全行为的发生除了外部环境影响、组织过程中的干扰和领导监督不力，更多原因存在于个体因素中。个体因素包括个体准备状态、心理状态、生理状态、身体和智力局限，其中心理状态在煤矿职工不安全行为权重排序中占主要影响因素。

4 煤矿职工行为心理测评及评价预测

采用 HFACS – CM 模型对兴隆庄煤矿员工不安全行为进行了分析，得出心理因素对职工不安全行为会造成很大影响。为充分掌握兴隆庄煤矿员工心理状态及其影响因素，为管理优化提供参考和指导，对全体员工开展心理健康调查问卷。调查的主要目的包括以下 3 个方面：一是深入了解兴隆庄煤矿员工的整体状况；二是确定影响员工心理状态的因素；三是进一步比较各类员工的个人心理状态、个人心理资源及对组织的态度，确定重点关注群体；四是为员工行为隐患评价预测提供参考和依据。

4.1 安全心理背景

近年来，国内外很多煤矿安全生产科研工作者和安全管理越来越重视安全心理对煤矿安全生产和员工安全行为的影响，积极投身于煤矿安全心理学的研究。研究表明，在煤矿安全生产中，生产作业时煤矿作业人员经常受着心理因素的影响，生产机械、工艺流程和生产环境等都对人的心理状况发生作用。煤矿生产是在地下特殊环境中进行的作业，它不仅受到诸如水、火、瓦斯、煤尘、顶板、照明、噪声、振动和空气污染等众多随机复杂因素以及生产、生活条件等客观因素的影响，同时还受到企业生产管理方式方法、安全文化以及从事生产人员的心理因素和综合素质等多项主观因素影响。与客观条件相比，主观条件对劳动者的安全行为和安全状况的影响幅度更大。在相同的客观条件下，如果企业安全文化氛围不浓，劳动者素质低下，就会造成劳动者缺乏安全自我保护意识，维护安全的自觉性就差，发生事故的概率就大；如果劳动者心理上有某种程度的不适应、不满意，甚至由严重的抵触情绪，则会加速疲劳的出现，甚至导致逆反心理，从而导致事故率上升。

因此在多年的煤矿安全生产问题研究中，发现 88% 的事故是由于人的不安全行为导致的。所以，不安全事故高发的关键在于人的不安全行为，而人的不安全行为会受到心理状态的主导。煤矿工人长期在井下高危及受限空间中工作，其心理状态受到工作环境等因素的影响容易表现出较大波动性，极易产生不良心理，从此导致不安全行为频发；再者，煤矿工人大都来自社会底层、收入低、家庭负担重、心理压力大，这些都为煤矿安全生产埋下了隐患。为保证安全生产工作的落实，企业需对员工心理状态有一定认知与了解，从心理层面入手，保证安全生产工作的有效落实。

4.2 影响职工不安全行为的心理因素

安全心理是人在生产过程中产生的安全需要、安全意识等特殊心理活动。相比于外显的行为，心理活动是内隐的，其对行为起支配作用，同时也通过行为才能得以发展与表现。人的心理活动复杂多变，在与安全行为相互影响的过程中，主要体现在心理过程与个性心理的变化，两者具有差异又相互关联，根据煤矿员工的工作性质与环境可提炼出6条核心原理，如图4-1所示。

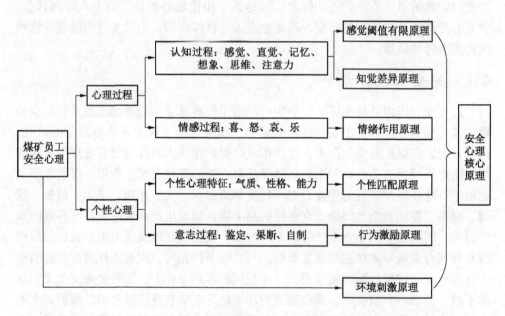

图4-1 煤矿员工安全心理原理图

其中，心理过程是职工对其所面临的状况做出相应反应的过程，这是人心理活动的发展，主要体现为其认知和情感2个过程。个性心理主要体现在每个员工不同的个性差异，包括因不同成长环境所影响产生的个性心理特质以及可以对行为起重要调节作用的意志过程。

通过研究职工的心理过程、个性心理和安全之间的关系，可以得到不安全因素、事故隐患与人的心理活动之间的相互关联以及导致不安全行为的各种主观和客观的致因，从而提出有效的预防事故发生的措施，以保证人员的安全和生产的顺利进行。

4.2.1　心理过程与安全

　　煤矿员工心理过程包括认知过程和情感过程。认知过程包括感觉、知觉和注意力的分析；情感过程分析包括对员工喜怒哀乐情绪的观察分析。

　　1. 认知过程分析

　　员工的认知过程就是对生产操作环境的反应，是由感觉、知觉、注意力与思维想象相互综合联系所组成的完整有序系统，员工在这个系统的支配下完成对操作过程的认知，如图4－2所示。

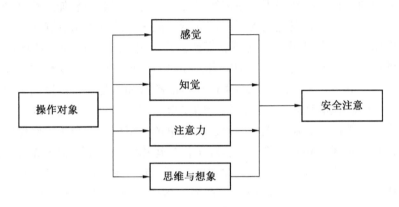

图4－2　认知过程与安全生产的关系

　　认知过程的主要原理是感觉阈值有限原理和知觉差异原理。感觉是一切心理现象的基础，是感觉器官对外界刺激最直接的反应，而根据感觉阈值有限原理，感觉器官存在相应的感觉阈值，即对外界刺激的最低接受下限和最高承受上限，这种感觉范围会受到个体差异和工作环境的影响。知觉是对一系列对外界所产生的感觉信息进行加工的过程，是对感觉的概括，具有整体性、选择性和恒常性，因此对人的行为选择起直接制约作用。相比不依赖于个人经验和知识的感觉，知觉会因不同个体本身的经验知识、认知方式和情绪状态而存在较大差别，这就是知觉差异原理。注意是指人的有意识的心理活动对某种特定事物的指向和集中，不仅是个体进行信息加工和各种认知活动的重要条件，也是个体完成各种行为的重要条件。

　　安全认知过程是以煤矿工人为主体的一项非常复杂的认知信息处理过程，作为信息的处理者，工人要通过眼、耳、鼻、手、脚等生理器官，接受生产过程中来自客体的相关信息并进行有效的信息加工处理，从而做出理智正确的信息判断，保证安全行为的实施。

煤矿生产作业面临着十分复杂的地质环境，随时都有危险会出现，矿工在这种生产条件下进行作业，本身就是一项复杂的认知转化过程。矿工首先需要熟悉井下的工作环境，对于各种标识、地理环境等要有基础的认知，对于安全生产方面的客观疏漏比如哪里有潜在的隐患等有事先的认知，对于什么是事故发生前的先兆、强烈程度有基本的判断，对于自我安全意识的提高等等，还有对于各种信息的全方位加工和安全注意力，这些都是一项复杂的认知系统。安全注意力直接影响到煤矿工人的安全行为。研究表明，当工人的注意集中于具体的对象后，会保持较长时间的注意力延续，这时指征对象或信息就居于大脑意识的中心，呈现出清晰的图像，在这种状态下，主体容易对其进行精细的信息加工和处理，从而确保安全生产行为。在发生的大量煤矿安全事故中，统计得出因煤矿工人的注意力不集中而导致的占有很大的比例。煤矿生产作业的高危性和生产环境的恶劣性，要求进行生产操作的工人集中精力，在每一个环节都按照安全生产规程认真执行操作，尤其对事先发现的某些生产环节的缺漏和不足保持高度的警惕，随时注意观察周边环境的变化。如果注意力的要求超过了一个人的能力阈限，就应该多人配合、分工协调，煤矿工作中以班组为单位，组成一个个小家庭似的基层组织单位，互相关怀，相互影响。在实际工作中运用注意理论中关于无意注意、有意注意、有意后注意等方法，拓宽注意力范围，或有重点有选择地进行注意力转移分工协作，尽量将注意力集中在生产操作的每个环节和周边复杂的地质环境中，确保生产过程中的每一个细节都在煤矿工人的关注之下。一旦煤矿工人的注意力发生分散，就容易使某一个环节和步骤出现差错，导致出现不安全的行为，发生不可挽回的事故。

可以说，如果缺少基本的认知能力，就无法在井下进行合格的作业，也无法确保安全生产的顺利进行。对于煤炭企业而言，认知理论同样具有重要的指导意义。煤炭企业要不断提高员工的安全意识，提高员工掌握先进设备和先进技术的安全能力，就必须要不断强化安全培训力度，使员工在培训的过程中，不断增长安全生产能力和处理复杂突发事故以及自救的能力。煤炭行业是一个特殊行业，其复杂特殊多变且随时有危险的行业性质，要求从业者必须具备一定的安全素质。而在我国，由于各方面原因，煤矿职工的从业门槛很低，往往是只要吃苦耐劳，文化水平和技术素质低也可以从事生产操作。这是一个难以解决的矛盾，办法只有一个，就是煤炭企业管理者要根据企业的特点和现实状况，通过在职培训、进修、委托培养等多种培训形式，对煤矿工人不断加强安全培训，在边生产的过程中边提高他们的实际生产能力，特别是不断提高他们的安全认知和处理能力，尽力确保企业安全生产的良好运行。

2. 情感过程分析

情绪和情感是人的一种基本心理过程，是对客观事物的态度体验和行为反应。人生活在社会中，为了自身的生存和发展，就要不断地认识和改造客观世界，在变革现实的过程中，必然会遇到得失、顺逆、荣辱、美丑等各种情境，因而产生了高兴、喜悦、气愤、憎恶、悲伤、忧虑、爱慕、钦佩等情绪和情感。情绪有固有特征，主要指情绪的动力性、激动性、强度和紧张度等方面，这些特征的变化幅度又具有增或减、大或小、强或弱的两极性，即每个特征都存在两种对立的姿态。员工在与社会或周边事物发生联系的过程中会产生相应情感，容易受到多方面因素的影响，波动较大。这种情绪变化会影响人的认知水平，消极情绪甚至严重降低人的操作能力和认知客观性，导致不安全行为和事故的发生，如图4-3所示。

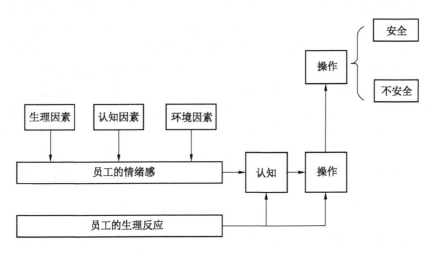

图4-3　情感过程与安全生产关系

其中，情感与安全之间的联系主要基于情绪作用原理。情绪作为人在生理反应上对客观现实做出的评价和体验，主要包括喜怒哀乐，因其包含了认知的成分，涉及对外界事物的评价，从而会对人的行为产生巨大影响，对安全起到促进或阻碍的作用。安全情绪状态是指在某种特定事件或情境的影响下，在一定时间内煤矿工人所产生的某种情绪。较典型的情绪状态有心境、激情和应激三种形式。

（1）心境是指工人保持一种比较平静而持久的情绪状态，具有弥漫性，不是关于某一事物的特定体验，而是以同样的态度体验对待一切事物。生活中的顺境和逆境、工作中的成功和失败、人际交往之间的和谐和紧张、个人的健康状况、自然环境的变化等，都会引起煤矿工人的某种心境的变化。

（2）激情是煤矿工人的一种强烈的、爆发性的、为时短促的情绪状态，通常由对个人有重大意义的事件引起。激情状态下的人往往出现"意识狭窄"现象，认知活动的范围开始变得狭窄，理智分析能力受到抑制，自我控制能力减弱，进而使人的行为失去控制，对安全产生重大的负面影响。

（3）应激是指煤矿工人对某种意外的环境刺激所做出的适应性反应，是在某种危险或者突发事变时，所产生的一种特殊紧张的情绪体验和状态。在应激状态下，煤矿工人会引起机体的一系列生物性反应，如肌肉紧张度、血压、心率、呼吸等明显的变化，导致不安全行为的产生。

实践证明，良好的安全情绪情感，能够让煤矿工人始终保持在觉醒状态，对于各项外界引起的反应能有较好的判断能力，从而有助于提高人的生产效率，更好地完成各种工作任务。反之，强烈的、不稳定的情绪状态，则让人不能冷静理智地思考问题，带来的是具有冲突性和破坏性的恶性后果。在煤炭企业安全生产过程中，工人积极健康的情绪对于提高安全意识，端正安全态度，提高安全风险辨别和安全生产操作能力具有重要的意义。煤矿工人在井下作业时受到井下各种恶劣环境的影响，比如灯光昏暗、没有阳光，煤岩的颜色都是黑颜色，工作面粉尘浓度大，时刻还受到瓦斯爆炸、煤与瓦斯突出等方面的影响，使得工人们以班组为单位组成一个类似小家庭的单位，互相之间犹如兄弟，互相照顾、互相影响，有利于煤矿工人安全心理的形成。但是另一方面也造就了他们脾气暴躁的性格，这方面的性格不利于安全生产，有时候就是事故的直接导火索。

3. 安全意志分析

意志是行为的准备状态，即准备对对象作出某种反应。在这里指的是煤矿工人的安全行为意向。意志从本质上说就是人自身对意识的积极调节和作用，对人的任何活动的有意识的活动都有非常重要的作用。意志通过对意识的自我定向、自我约束、自我调节和自我控制保证人们达到预定目的。

意志行动是在意志支配下实现的行动。意志行动发生、发展、完成的历程大致为两个阶段：采取决定阶段和执行决定阶段。采取决定阶段一般包括确定目标、制定计划、心理冲突等环节。执行决定阶段是意志活动的重要环节，因为在做决定时有决心、有信心，但是没有意志行动是不能完成的，意志活动只有经过了执行阶段才能达到预定目标。意志行动有以下一些特点：第一，行动目的的自觉性是意志行动的主要特征；第二，与克服困难相联系是意志行动最重要的特征；第三，意志行动以随意动作为基础，和自动化的习惯动作既有联系又有区别；第四，意志对行动有调节作用，意志不仅能调节外部动作还能调节人的心理状态。

人的意志有强有弱，煤矿工人的意志特别强，具有忍耐精神，求生欲望特别强烈。煤矿工人一般具有自制性，能够自我约束，不会为井下特殊的环境所动摇。工作年限越长的工人越能积极主动的执行已做出的决定，按照规章制度办事。煤矿工人的安全意志体现在具有果断性，遇到紧急事情、重大事情能够果断地做出决定，这对煤矿的安全生产非常重要。煤矿工人具有忍耐性、恒毅性，在煤矿井下的特殊环境能够坚持不懈的工作，有恒心，有耐力，其中河南省宜阳县景阳二矿的煤矿工人在煤矿发生透水事故后凭借坚强的意志力在井下坚持了21天，被救援人员发现，最终获救。煤矿工人具有坚定性，在选定行动目标、奋斗目标后能够坚定不移地去努力实现目标。煤矿工人长期在井下工作，对井下的环境认识很深刻，对生产的目标认识深刻，行动就会很自觉，就会更坚定地完成目标。在实现目标的过程中熟练的操作机器，加上坚定的意志，对煤矿的安全生产意义重大。

4.2.2 人的个性心理与安全

煤矿工人的心理特性是指在动机和心理过程中所表现出来的某些个人的安全心理特点，是煤矿工人机体内生地、稳定地表现出来的类型特征，主要包括性格、气质和能力。

1. 性格与安全

人在社会实践活动中，通过与自然环境和社会环境的相互作用，客观事物的影响，将会在个体经验中保存和固定下来，形成个体对待事物和认识事物独有的风格。尽管人的性格是很复杂的，一旦形成后，便会以于比较定型的态度和行为方式去对待和认识周围的事物。譬如，对待个人、集体和社会的关系，对待劳动、工作和学习的关系，对待自己和他人的关系等等。

不良的性格特征常常造成事故的隐患。譬如，吊儿郎当、马马虎虎、放荡不属、不负责任是一些不良的性格特征。有这些性格特征的人，在工作中经常表现出责任心不强，甚至擅自离开工作岗位，并常因这种擅离岗位而发生事故。

良好的性格并不完全是天生的，教育和社会实践对性格的形成具有重要的意义。例如，在生产劳动过程中，如果不注意安全生产，因失职或其他原因发生了事故，轻则受批评或扣发奖金，重则受处分甚至法律制裁，而安全生产受到表扬和奖励。这就在客现上激发人们以不同方式进行自我教育、自我控制、自我监督，从而形成工作认真负责和重视安全生产的性格特征。因此通过各种途径注意培养职工认真负责、重视安全的性格，将对安全生产带来巨大的好处。

攻击型、轻浮型、迟钝型、急躁型、懦弱型的性格的人容易发生事故且具有如下性格特征：

（1）攻击型性格。具有这类性格的人，常常妄自尊大，骄傲自满，工作中喜欢冒险，喜欢挑衅，喜欢与同事闹无原则纠纷，争强好胜，不接纳别人意见，这类人虽然一般技术都比较好，但也很容易出大事故。

（2）性情孤僻、固执、心胸狭窄、对人冷漠，这类人性格多属内向，同事关系不好。

（3）性情不稳定者，易受情绪感染支配，易于冲动，情绪起伏波动很大，受情绪影响长时间不易平静。因而工作中易受情绪影响忽略安全工作。

（4）主导心境抑郁、浮躁不安者。这类人由于长期心境闷闷不乐，精神不振，导致大脑皮层不能建立良好的兴奋灶，干什么事情都引不起兴趣。因此很容易出事故。

（5）马虎、敷衍、粗心这种性格常是引起事故的直接原因。

（6）在紧急或困难条件下表现出惊慌失措、优柔寡断或轻率决定、胆怯或鲁莽者。这类人在发生异常情况时，常不知所措或鲁莽行事，坐失排除故障、消除事故良机，造成一些本来可以避免的事故。

（7）感知、思维、运动迟钝、不爱活动、懒惰者。具有这种性格的人由于在工作中反应迟钝、无所用心，也常会导致事故。

（8）懦弱、胆怯、没有主见者。这类人由于遇事退缩，不敢坚持原则，人云亦云，不辨是非，不负责任，因此，在某些特定情况下很容易发生事故。

活泼型、冷静型性格可以使员工顺利完成生产任务，属于安全型性格。性格与安全之间的关系见表4－1。

表4－1　性格与安全之间的关系

类型	特　　点				归类
攻击型	妄自尊大	骄傲自满	争强好胜	喜欢挑衅	不安全型
轻浮型	不求甚解	轻举妄动	心猿意马	做事马虎	不安全型
迟钝型	动作呆板	判断力差	头脑简单	反应迟钝	不安全型
急躁型	工作草率	反应迅速	胆大有余	求成心切	不安全型
懦弱型	遇事退缩	人云亦云	不辨是非	不负责任	不安全型
活泼型	反应灵敏	精力充沛	勤劳勇敢	适应性强	安全型
冷静型	工作细致	头脑清醒	动作准确	善于思考	安全型

2. 气质与安全

气质是在员工认知、情感和行动过程中，表征心理活动发生的变化节奏和均衡程度，通过影响员工的日常活动效率，决定其工作态度，进而影响其行为的发生方式。气质主要受神经系统的特性所制约，共分为多血质、抑制质、黏液质和胆汁质，见表4-2。虽然气质类型没有好坏之分，但因其不同类型的特性对从事不同工种的员工的适应性和积极性产生影响，任何单一气质均不能满足工作要求，合格的员工应该具有更多的多血质和黏液质气质类型。

表4-2 气质分类表

神经类型	气质类型	均衡性	灵活性
活泼型	多血质	均衡	灵活
抑制型	抑制质	不均衡	惰性
安静型	黏液质	均衡	较惰性
兴奋型	胆汁质	不均衡	灵活

根据个性匹配原理，每个人具有独特的性格和气质，因此需要从事与其个性心理特征匹配的工作。当匹配科学与合理时，可以减少员工的不安全行为与事故的发生。在安全管理工作中针对职工不同气质类型特征进行分配工作是非常必要的。

首先，依据各人的不同气质特征，加以区别要求与管理。例如在生产过程中，有些人理解能力强、反应快，但粗心大意、注意力不集中，对这种类型的人应从严要求，要明确指出他们工作中的缺点，甚至可以进行尖锐批评。有些人理解能力较差、反应较慢，但工作细心、注意力集中，对这种类型的人需加强督促，应对他们提出一定的速度指标，逐步培养他们迅速解决问题的能力和习惯。有些人则较内向，工作不够大胆，缩手缩脚，怕出差错，这种类型的人应该多鼓励、少批评，尤其不应当当众批评。

其次，在各种生产劳动组织管理工作中要根据工作特点妥当地选拔和安排职工的工作。尤其是那些带有不安全因素的工种更应如此，除应注意人的能力特点以外，还应考虑人的气质类型特征。有些工种（如流水作业线的装配工）需要反应迅速、动作敏捷、活泼好动易于与人交往的人去承担。有些工种（如铁路道口的看守工）则需要仔细的、情绪比较稳定的、安静的人去做。这样既做到人尽其才，有利于生产，又有利于安全。

再者，在日常的安全管理工作中，针对人的不同气质类型进行分配工作。例如，对一些抑郁质类型的人，因为他们不愿意主动找人倾诉自己的困惑，常把一些苦闷和烦恼埋在心里。作为安全管理技术人员应该有意识地找他们谈心，消除他们情感上的障碍，使他们保持良好的情绪，以利安全生产。又如在调配人员组织一个临时的或正式的班组时，应注意将具有不同气质类型的人加以搭配，这样，更有利于生产和安全工作的开展。

3. 能力与安全

任何工作的顺利开展都要求人具有一定的能力。人在能力上的差异不但影响着工作效率，而且也是能否搞好安全生产的重要制约因素。因此，在安全管理工作中，应根据职工能力的大小合理地分配工作，用其长补其短，充分发挥职工的潜能。在安全生产管理中应考虑下列几点：

1）了解不同工种应具备的能力

通过一些事故分析（包括过去、现在及将来可能发生的事故，以及同行业曾经发生过的事故），掌握工作的性质和了解从事该工作职工必须具备的能力及技术要求，作为选择职工、分配职工工作及培训职工能力的一种依据。

2）进行能力测评

选择职工或考核职工时不应把文化知识和技能作为唯一的指标，在可能的情况下，还应根据工种或工作岗位的要求，采用相应的方式进行能力测评。特别是那些对人的能力有特殊要求的工作岗位，更应进行一定的特殊能力测定。

3）工作安排必须与人的能力相适应

在安排、分配职工工作时，要尽量根据能力发展水平、类型来安排适当工作，例如让一批思维能力很高的人，去干些一不成变的、重复的、在工作中很少需要动脑筋的简单劳动，就会使他们感到单调、乏味。反之，让一些能力较低的人去从事一些力所不及的工作，他们就会感受到无法胜任而过度紧张、精神压力过大，很容易发生事故。因此，工作必须与人的能力相适应，这样才能增加他们对工作的兴趣和热情。只有他们深信自己的能力确实和他们的工作高度协调时，对职业的兴趣才会强烈而稳固地表现出来。

4）提高职工的能力

环境、教育和实践活动对能力的形成和发展起着决定性的作用。人的能力可以通过培训而提高，尤其是安全生产知识以及在紧急状态下的应变知识，都可以通过培训让职工掌握，从而增强职工的安全意识和应付偶然事件的能力，以保证安全生产。此外，一个人的能力是个体所蕴藏的内部潜力。在通常情况下，人的潜能远未能充分发挥，如何通过激励手段，发挥职工的潜能，保证安全生产，是安全管理人员面临的一个新的课题。从个体心理因素来说，生产（工作）的绩效是能力和动机这两个因素相互作用的结果。

因此，提高职工的工作能力和激发职工的工作动机是提高职工的工作绩效和保证安全生产的最有效途径。

4. 意志过程

基于行为激励原理，意志过程是员工通过意志调节控制自身的思想，约束不安全行为发生的自我控制与调节，从而防止事故发生，保证生产顺利完成的过程。对安全行为的激励主要分为内容激励、过程激励和结果激励，通过激励促使员工克服困难和挫折，从而达到减少不安全行为的目标。

4.2.3 应激效应与安全

在生产过程中，操作活动的要求随实际情境不断发生着变化，人适应这种变化的能力是有限的。因此，当人们面临超出适应能力范围的工作负荷时，就会产生应激反应现象。

较为普通的观点认为，应激是一种复杂的心理状态。每当系统偏离最佳状况而操作者又无法或不能轻易地校正这种偏离时，操作者呈现的状态就为应激。应激现象可以从三个方面来理解。

（1）应激是在系统偏离最佳状况时出现的。正常情况下，操作者以一种最佳的方式工作，这时环境条件对操作者有中等程度的要求。如果上述这种要求变得太高或过低，操作者的效绩都将下降，从而偏离最佳状况。因此必须注意，负荷过高和负荷过低都是一种应激源，都会引起应激效应。

（2）应激是环境要求与操作者能力之间不平衡引起的。应激不仅随环境状况发生变化，而且取决于个体能力、训练和身体状况等因素。同量的负荷可能引起某些人产生应激，而对另外一些人完全不会产生影响。

（3）应激的产生有动机因素的作用。一般认为，当系统偏离最佳状态时，操作者往往通过适当的行动来校正这种偏差，偏离越大，校正的动机越大。校正结果的反馈对操作者行为动机有影响，即随着偏离缩小，动机会降低。如果操作者的一系列行动不能减小偏离，达不到降低校正动机时，便会发生应激。

与动机相联系的另一个问题是操作者的意图，只有操作者认识到偏离最佳状态可能造成重大事故以及力图避免这种状况时，应激才会出现。

4.2.3.1 应激源

能引起应激现象的因素很多，主要有如下四个方面。

1. 环境因素

如工作调动、晋升、降级、解雇、待业、缺乏晋升机会、与社会隔绝失去社会的支持和社会联系，孤立无援，原来的心理活动模式（反应方式）与当前社会环境不相适应，生活空虚无目的等等，都会使人产生应激状态，并伴随产生焦虑、愤怒、敌对、怀疑、抑制、愤恨、绝望和其他负面情绪，这种情绪加剧了职业性应激反应。

2. 工作因素

（1）工作环境。恶劣的工作环境，如噪声、振动、高温、照明不足、有毒有害气体污染、粉尘污染、工作空间过狭等常成为应激的来源。工作环境中的人际关系不协调也是重要的应激源，包括主管人员与下属人员之间、工作群体成员之间。在困难的情况下缺乏足够的组织支持也会导致应激，管理人员过多地采用行为监督，尤其是不公开的监督来控制工人的行为时，工人易出现应激反应。缺乏信息沟通、参与管理与决策的机会少，或过多使用惩罚也是企业常见的应激源。此外，由于职业或工作的需要（如天文气象、水文、自动化生产中的某些单独操作岗位），工作环境中的隔离或封闭也会导致应激的产生。

（2）工作任务。工作负荷量过大，可使人的生理、心理负担增大。在危险地段行车或运载危险物品的驾驶工作，长期从事需要高度注意力的工作（如仪表监视），长期担负重体力劳动强度的工作，会由于工作负荷量过大而感受应激。超负荷的脑力劳动已为许多职业（包括工程师、秘书等）的重要应激源。当然，工作负荷过小，从事简单、重复、无需发挥主动性的工作而无法实现自己的才能时，缺乏自我实现的机会也会形成心理压力。劳动速度是一个重要的劳动负荷因素，特别是在工厂由于对完成任务所采取的方法、速度缺乏自我主动选择或控制时，可以导致应激状态。值得提及的是，由于近代工业组织管理的复杂性和工作负荷太大，越来越成为管理人员心理应激的原因，尤其在高层次管理人员中易于出现；在中层管理人员中，既要受到企业领导者的要求制约，又要接受下属及职工的要求，这种处境的管理人员易于导致应激反应。

（3）工作时间。超时工作（加班）也是一个重要的应激源，延长工作时间不仅打乱了人们的正常生活节律，而且由于休息时间缩短，人的体力和精神得不到应有的松弛。研究表明，每周超过 50 h 以上的工作能引起心理失调以及冠心病。职工从事夜班工作，一般人在心理和生理上难以适应，而且夜班工作使人与家庭、社会的交往相应减少，已成为一种重要的应激源。

3. 组织因素

有两个组织因素对增加工作的应激有特殊的意义。一个是组织的性质、习俗、气氛和组织中员工参与管理和决策的方式；另一个是以领导者的支持和鼓励个人发展前途等形式反映出来的组织支持。员工缺少主人翁责任感，其结果就会出现一种逆反心理。研究表明，在组织支持方面不公开的监督和以定期对逆反行为反馈作为特征的监督方式都和高度应激有关。

4. 个性因素

与个性有关的五种应激源如下：

（1）从健康方面考虑，人的体质会影响人体对环境的反应能力。由于能力低下或患病而使控制有害刺激的能力有缺陷时，就会增加应激反应。因此，有病的工人可能有产生更大工作应激的危险性。

（2）若工人与任务不匹配，就会产生应激。失配越严重，工人感受到的应激越大，造成失误的可能性也会增大。

（3）家庭关系不和谐，经济上拮据，亲人死亡或患严重疾病，子女升学、就业婚嫁等等都可成为应激源。

（4）外向程度或神经敏感性程度对不同的工作环境也会产生应激。

（5）人的心理特性的差异也会影响对应激源的反应程度。

4.2.3.2　应激的效应

在应激状态下，操作者的身心会发生一系列的变化。这种变化是应激引起的效应，称为紧张。紧张表现多种多样，主要有以下四大类：

（1）生理身体的变化。例如，心率、率恢复率、氧耗、皮肤电反应、脑电图、心电图、肌内紧张、血压、血液的化学成分、血糖、出汗率和呼吸频率等方面都可能发生明显的变化。若长期处于应激状态，就会导致心血管病和生理紊乱等疾病。

（2）心理和态度的变化。表现为无聊、工作不满意、攻击行为、感情冷漠、神经紧张、心理紊乱以及疲劳感等现象。

（3）工作效绩的变化。例如，主操作、辅助操作的工作质量和数量下降，反应时间增长，行动迟缓，缺乏注意，离职率增加等。

（4）行为策略和方式的变化。处于应激状态下的操作者往往会出现某些策略或方式上的变化，从而有意或无意地摆脱"超负荷"情境。

4.2.3.3　应激的预防与控制

要消除一切应激的想法是脱离实际的，有时某些应激甚至是必要的，事实上有很多的人是在不利于他们健康的压力下工作的。目前已把很大注意力用来对付物理环境的应激，即创造良好的工作环境。除了物理环境的影响外，还有许多精神方面的应激源影响必须给予重视。

1. 人类工效学（工作岗位重新设计）

人类工效学的重新设计包括向工人提供一个对工人身体的要求减少到最小的工作区。这些身体要求对情绪应激来说是有重要意义的。因为它会影响到与应激密切相关的疲劳，还会影响到工人的状况和行为。在确定人类工效学对产生应激和有关控制方针时，有三个方面的因素需要加以注意，通过人类工效学设计，配备一个合适的感觉环境、适当的工作岗位以及舒适的环境条件而使人体每个系统所受到的负荷减少到最小。

2. 工作设计

工作设计最大的难点常出现在新开发项目的工作中，这些工作没有以往的经验可以借鉴。为使工人对工作活动所提供的工作条件得到满足，工作必须对工人有意义，以便使工人产生一种完成任务的自豪感和自我尊重的积极性。此外，工作任务设计应尽可能充分利用现有的技能，以提高工人的自信心和行为能力，减少应激的产生。

劳动过程的控制在出现工作应激时是一个重要因素，研究表明，缺乏工作控制是生理和心理机能障碍的主要原因之一。通过增加工人工作中作出判断的内容和换一种工作程序，对工作活动提供更多的控制，可以减少由机器控制的劳动过程所引起的应激。

工作设计中，一个关键的问题是确定合理的工作负荷，工作负荷往往是由机器的限度或生产能力而不是由操作者的能力来决定的。但是过度的工作负荷会使工人产生疲劳，出现应激反应。

3. 组织管理

清除应激最有效方法是让工人参与管理，与企业共命运，并贯穿整个工作过程。

对工人进行监督会使工人感觉置身于受机器控制的失去个性的工作环境。当管理人员采用行为监督控制工人行为时，工人会感到工作压力和工作负荷过高，因此产生应激反应。为了使工人能达到最有效的行为并减少应激，管理人员应采用能启发工人的积极性并被工人所支持的管理方法。

4. 个人应付能力

提高个人应付能力是减少工人应激水平的有效方法。有的学者提出了应用心理生理学的方法来减少应激反应，有些已用于工作环境布置。

以上介绍的减少应激的方法，在大多数情况下，需要用几种方法结合在一起使用。首先是消除对应激源的暴露，这一点可通过控制产生应激的原因，然后采用人类工效学的方法、工作设计或组织管理手段。有时，不可能完全排除一切应激源，那么应该强调尽可能减少应激产生的负荷。这时可以应用个人应付方法来减轻工人应激的症状。虽然这不是对应激源而言，但通过控制应激反应，的确可以减轻对健康的危害。并非所有个人应付方法都一样有效，每个人都必须亲身体会不同方法并找出哪种方法最适用。

4.3 煤矿职工行为心理测评

4.3.1 煤矿安全生产中常见的心理问题分析

在安全生产中，影响煤矿安全生产的因素是千差万别的，但从心理学的角度分析，人的具体行为或动作是受心理活动所支配和调节的，也就是心理活动的外显特征。因此，安全生产过程中的违章作业和心理状态有着密不可分的联系。根据大量的调查研究和数据分析，极易造成安全煤矿安全事故的不安全心理有 10 种，见表 4-3。

表 4-3　10 种不安全心理及特征表现

不安全心理	特　　征
省能心理	图省事、图方便、导致违章最普遍的心态
逆反心理	对抗性、缺乏理智、不辨是非
侥幸心理	明知故犯、心存侥幸、导致违章最重要的心态
逞能心理	过度好胜、逞强
无所谓心理	心不在焉、满不在乎，极易造成违章
好奇心理	好奇心重、易受周围环境影响
凑趣心理	安全意识不强、安全经验不足、鼓励冒险违章
群体心理	从众、随大流、无主见
冒险心理	虚荣心、受激情驱使
麻痹心理	大意、粗心、思想放松、不求甚解

4.3.2　安全心理测评研究

1. 心理测评的三要素

心理测评概念中有三个重要的基本因素：行为样本、标准化和客观性。

行为样本是指最能反映被试者行为特征的具有代表性的一组行为。心理测评是通过被试者对测评题目的反应来推估他的心理品质的，测评题目实际上是引发某种行为的工具。为了正确和可靠地推论某种心理特征，需要一系列的试题引发一组最能反映被试者行为特征的最具有代表性的行为。这一组行为就是行为样本。所以，严格地说，心理测评就是依靠精心选择的与要测量行为有关的一系列试题对行为样本的测量。

所谓标准化，有两方面的含义：一是编制心理测评的题目要经过标准化的程序；二是测评的使用要按照标准化的手续。编制一个测评，如测评目的的设计、题目的拟定、预测、选定、编排和建立常模等等，都须有严密的程序进行实施。测评实施的步骤，包括测评前的准备、测评的方法、时间的控制、计分的标准、对测评结果的解释和应用等，都有详细的说明，并且对使用测评的人进行专门训练，这样，不论谁来实施测评，都不会影响被试者的结果。测评的编制和实施具有这样严密的手续，才能成为一种科学工具。这样的手续和过程就叫"标准化"。心理测评必须标准化才可以获得真实的结果，标准化测评才能使不同的被试者所获得的分数有比较的价值。

心理测评的客观性，是指测评不受主观支配，其测量方法是可以重复的，测评的实施、计分和解释都是客观的。

2. 心理测评的分类

心理测评的分类有很多种，标准不同，分类也不同。

1）按测评的功能分类

心理学家把人类行为的差异概括分为两大类，即能力上的差异和个性上的差异。对人类能力的测评称为能力测评，包括智力测评，特殊能力倾向测评，学习成绩测评等等。对个性差异进行测评的称为个性测评。个性是指个人身心特性的总体，它的内涵相当复杂，所以个性测评种类繁多，包括个性测评、气质测评、兴趣和态度测评等。

2）按试验实施的方式分类

心理测评按试验实施的方式可分为个别测评和团体测评两大类。个别测评通常一次只能测评一位被试者。团体测评是指在同一时间内由一位主试同时测评许多被试者。

3）按测评材料分类

心理测评按测评材料可分为文字测评和非文字测评两大类。文字测评使用的材料是文字，被试者使用语言或者文字作答。非文字测评又称操作测评，操作测评内容以画图、图形、模型、实物、数目等材料为主，不用文字或不认识字的被试者或聋哑被试者用手势指导作答。

4.3.3 心理测评的基本原理

选择与评价心理测评成功与否的重要依据就是看其信度与效度，而编制一个心理测评则离不开项目分析。所以，关于效度、信度和项目分析的知识，构成了心理测评最重要的基本原理。为了提高测验的有效性和可靠性，就不能忽视对心理测验的效度、信度和项目分析的鉴定。心理测评体系如图4-4所示。

1. 效度

效度即正确性，指测评确能测出所要测定的心理特质的程度。越是正确地抓住测评的目的，这个测评的效度就越高，测评的结果越能显现其所要测定对象的真正特征。效度是实施科学测验最重要的必备条件，一个测评若无效度，则无论其具有任何要素，根本无法发挥真正的功能。因此，选用标准化测评或自行编制心理测评，首先要评鉴其效度。

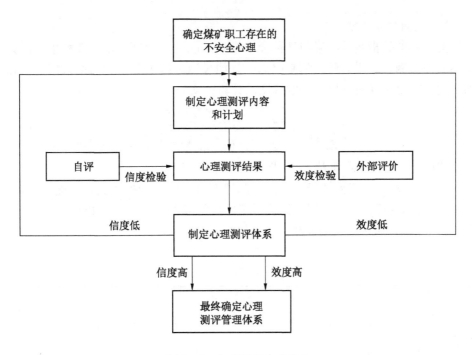

图 4 - 4 心理测评体系建立

效度具有相对性、复杂性、特定性及程度性等性质。相对性指针对某一特定人群设计的测评方案有较高的效度，对另一人群来说，就不一定是有效的测评方案。复杂性是说，心理测评是个复杂的问题，分析效度问题时需要综合分析各种类型的效度之后，才能把整个测评结果的效度。特定性是说，对效度进行分析的数据是每个被试者的总得分，但对于每项素质测评来说，都有各自的效度。程度性是说，对心理素质测评来说，不存在有效度或无效度的问题，只存在程度上的差异。根据效度系数 r 的数值大小，可以将效度标准分为高效度（$r > 0.7$）、中效度（$0.3 \leqslant r \leqslant 0.7$）和低效度（$r < 0.3$）。

1）内容效度

内容效度是指实际测验的内容与需要测验的内容之间的一致性程度。对内容效度的分析可以从两个方面进行检查：一是测验包括了所需要测验素质的各种组成成分。二是包括在测验范围内的被测验项目的比例结构是否与分析结果一致。

2）结构效度

结构效度是指实际测验所得到的结果在多大程度上能够被看作是需要测验素质的替代物。此外，结构效度与设计人员对结构的理解有关。分析结构效度的方法有：排除法、专家咨询法、相关法、逻辑分析法和多元分析法。

3）校标关联效度

关联效度是指测验结果与某种标准结果之间的一致性程度。效标也叫准则，是用来衡量测验结果有效性的参照标准。如果测验结果与效标的结果同时获得，那么这种效度叫同时效度。关联效度的计算公式为：

$$r = \frac{\sum XY - \sum X \sum Y/n}{\sqrt{\sum X^2 - (\sum X^2)/n}\sqrt{\sum X^2 - (\sum Y^2)/n}} \qquad (4-1)$$

式中，n 代表被测评者，XY 代表不同测评的得分。

例：假设有 10 名男性经职业兴趣测评而被选定作为推销员，其测评分数见表 4-4 的第一行，而第二行是经若干年后他们某段时间内的销售金额总量（以万元为单位）。问该测验的预测效度如何？

表4-4　测评表

	被　　　　　试									
	1	2	3	4	5	6	7	8	9	10
测评分数 X	30	34	32	47	20	24	27	25	22	16
销售数 Y	2.5	3.8	3	4	0.7	1	2.2	3.5	2.8	1.2

把表中数据代入式（4-1），得：$r = 0.75 > 0.7$，说明该测评是高效度的。一般在进行效度检验时，要求效度大于 0.7。

2. 信度

所谓测评的信度，是指一种测量工具或一套测评的可靠程度。它表现为测评结果的一贯性、一致性、再现性和稳定性。一个测评，无论是多次测试，或多人测试，其结果都大致相同，才能称之为可信的测评。信度告诉我们测评结果的可信程度。

一个心理测评在标准化过程中，通常用相关系数的大小来表示信度的高低，这种相关系数就称为信度系数。按照衡量信度的方法不同，信度可分为再测信度、等值信度、一致性信度、评分者信度等。这里主要介绍下一致性信度系数的计算方法。

运用一致性信度系数分析测评结果的信度时，要求测评同一个素质所得的分数之间是正相关的。相关性越高，说明同质程度越高。一致性信度系数通常用分半信度系数、整个问卷的信度、库得—理查逊信度系数来计算。

1）半分度系数

在把测评分成两半的方法中，最常见的方法是把题号为奇数的试题分成一半，题号为偶数的试题分成另一半，且要求两部分之间的题目要相互独立。用下面的公式计算试题的分半信度系数：

$$r = \frac{\dfrac{\sum XY}{n} - \bar{X}\,\bar{Y}}{\delta_X \delta_Y} \qquad (4-2)$$

$$\delta_X = \sqrt{\frac{\sum (X_i - \bar{X})^2}{N}} \qquad (4-3)$$

$$\delta_Y = \sqrt{\frac{\sum (Y_i - \bar{Y})^2}{N}} \qquad (4-4)$$

$$\bar{X} = \frac{\sum X_i}{N} \qquad (4-5)$$

$$\bar{Y} = \frac{\sum Y_i}{N} \qquad (4-6)$$

式中，r 为半分度系数；X，Y 分别表示奇数题得分和偶数题得分；N 表示被试人数；δ_X，δ_Y 分别表示奇数题得分和偶数题得分的标准差。

2）整个问卷的信度

根据斯皮尔曼—布朗公式计算整个评测问卷的信度系数。布朗公式如下：

$$\gamma_t = \frac{2r}{1+r} \qquad (4-7)$$

例：某银行财务管理部门评定 8 名工作人员的专业素质，评定量表由 20 道题组成，采用随机方式排列题号，单数题为一组，双数题为另一组，测评成绩见表4-5。

表4-5　测评成绩表

题号	1	2	3	4	5	6	7	8
单数题得分	8	7	9	6	8	8	9	9
双数题得分	8	8	9	6	8	8	8	9

分析数据，由式（4-2）得出 $r=0.87$，由式（4-7）得出 $\gamma_t = 0.93$，可以满足理论上的信度要求。

3）库得—理查逊信度系数

计算库得—理查逊信度系数要求测验的难度相近，且采用 0 或 1 计分，即答对记 1 分，答错记 0 分。计算公式如下：

$$\gamma_t = \frac{n}{n-1} \cdot \frac{S_t^2 - \sum pq}{S_t^2} \qquad (4-8)$$

式中，n 代表测试题的数目，S_t^2 代表整个测评结果的方差；p 代表题目中答对人的比例；q 代表题目中答错人的比例，且 $p+q=1$。

例：某所中学对在校的 30 名高二学生的生活技能进行测验，共有 10 道测试题，每道题答对人的比例和答错人的比例见表 4-6，整个测评结果的方差是 7.58。

表4-6 测试成绩表

题号	1	2	3	4	5	6	7	8	9	10
答对人数	0.8	0.6	0.5	0.9	0.3	0.8	0.7	0.5	0.4	0.7
答错人数	0.2	0.4	0.5	0.1	0.7	0.2	0.3	0.5	0.6	0.3

对表中数据进行分析：$\sum pq = 2.02$，由式（4-8）检验得到信度系数为 0.82，符合信度要求。

一个测评必须要有高的信度，我们才能将它运用于心理测量。通常，只有信度大于 0.8 时，才能够使用这种心理测评。

3. 项目分析

在测评编制的过程中，为了改善和提高测评的信度和效度，在组成系统的测评之前，应对每个测题进行分析，这就是项目分析（或称测题分析）。所以项目分析就是对组成测评的每个测题进行分析。

项目分析可分为质的分析和量的分析。所谓质的分析是指分析测题的内容和形式。量的分析则是采用统计方法来分析试题的质量，这里主要是从量的角度讨论项目分析。定量分析的指标主要是通俗性和区分度。

1）通俗性

各道题目的正确回答率或通过率被作为通俗性的指标（即同类人在答案方向上回答的人数）。计算方法如下：

$$P = \frac{R}{N} \times 100\% \qquad (4-9)$$

式中，P 为通俗性，N 为全体被测人数，R 为在答案方向上相同的人数。

一般认为，正确回答率在 0% 和 100% 的题目毫无意义，应删去。构成测评的题目，应该是在 10% 以下的题目和 90% 以上的题目混合构成，使测评的全体被测题目达到平均 50%。编制心理测评时，题目的选择和修改的依据通常是由通俗性来决定的。

2）区分度

心理测评是为了测定人们的某些心理特征。各个题目对被试者的这种心理特征能识别到什么程度，就叫项目区分度。区分度表示各个项目的效度。项目的效度高，其区分度就大。考察各个项目的区分度的方法可用求各项目的得分与总得分的相关系数的方法。该指标可用来保留或淘汰题目。

4.3.4 心理测评的编制过程

1. 确定测评目的

1）明确测量对象

测评首先要解决的问题是该测评编成后要用于什么人或者什么团体。通常以年龄、性别、职业、受教育程度、经济状况、民族、文化背景等指标来区分测量对象。施用于不同对象的测评应该有其不同的特征，而不应该千篇一律。在测评过程中，要充分考虑煤矿作业人员的特点来编制测评。

根据测评的对象不同，心理测评又可分为：

（1）智力测评：目的在于测量智力的高低，一个人的智力水平用智商（IQ）来表示。智力测评是衡量智商高低的参考，它用于评估一个人的能力高低，在给予恰当的工作时有重要的作用。当然，智商的参考不能作为评估一个人的唯一标准。本文在综合评价中，运用了智商测评的基本原理，进行了分级标准点的划分。

（2）能力倾向测评：目的在于发现被试者的潜在才能，深入了解其长处和发展倾向。此类测评又通常被运用于学生择业、就业等环节时，作为参考的依据。

（3）成绩测评：测量一个人经教育后的学业成绩。

（4）人格测评，又称个性测评：测量情绪、需要、动机、兴趣、态度、气质等方面的心理指标。

本文主要是对被试者进行人格测评，测量其动机、兴趣等方面的指标，而其指标的设立，则是依据煤矿特殊环境，在对煤矿作业人员进行调查的基础上，设计测评题目，并对其进行信度效度检验。

2）明确测评目标

明确所编测评用来测量什么心理功能，是测评能力、人格还是学业成绩。明确测评的目标后，还要将此目标转化为可操作的术语，即将目标具体化。

本文的测评目标是测评出煤矿作业人员的人格特征，并对即将进入煤矿行业的工人进行能力的测量。

3）明确测评的目的

所编制测评是要对被试者做描述、诊断，还是选拔和预评。目的不同，编制测评时取材范围及试题的难度也不相同。

2. 编制项目或题目

1）搜集有关资料

一个测评的价值高低，与其效度有关。而一个测评的效度与其测评材料的选取有密切的关系。收集材料要丰富、有普遍性和趣味性。

2）选择项目形式

在测评中，必须将项目以某种形式呈现给被试者，而测评项目呈现的形式又与被试者的年龄、人数的多少、测评的目的等方面联系在一起。因此，选择合适的项目形式，与一个测评成功与否有着很大的关系。

本项目所选择的测评项目形式为问卷测验，题目设置为选择题，并只需勾画"是"或"否"，题目语言尽量简单明了，这是充分考虑了煤矿作业人员的特点来进行设置的。

3）编写测评项目

编写是一个反复的过程。在这个过程中，测评项目编制者需要对测评项目进行反复的修改，其中包括订正意思不明确的词语，删改重复或者不当的题目、增加有用的题目等。

3. 预测与项目分析

初步筛选出来的项目虽然在内容和形式上符合要求，但是是否具有适当的难度与鉴别作用，必须通过预测进行项目分析，为进一步筛选题目提供客观依据。

1）试测

将初步筛选出来的项目结合成一种或几种预备测评，进行试测。目的在于获得被试者对项目如何反应的资料，以进行进一步的分析。它既能提供那些题目意义不清、容易引起误解等质的信息，又能提供测验项目优劣的量信息。

2）项目分析

对项目的分析包括质的分析和量的分析两方面。前者对内容取样是否合适、题目的思想性及表达是否清楚等方面加以评鉴。后者是对预测结果进行统计分析，确定题目的难度、区分度、备选答案的合适程度等。

4. 将测评标准化

一套好的题目未必就是一个好的测评。对于测评的基本要求是准确、可靠。一切测评要想得到准确、可靠的结果，都必须依赖于对无关因素的控制。在心理测评中，无关因素的控制主要是通过使测评情境对所有人都相似来完成的。为了减少误差，就要控制无关因素对测评目的的影响，这种控制过程，称为标准化。

具体包括以下几个方面：

1）测评题目的标准化

标准化的首要条件，就是对每一个被测量者给以相同的测评题目。

2）实施测评标准化

其内容包括：相同的测评情景，相同的指导语，相同的测评时限等。

3）记分标准化

记分方法要有详细、明确的规定，这主要是为了提高分数的客观性，客观性意味着任何有资格的评分者都可以得到一致的评定分数。只有当评分是客观的时候，才能将分数的差异归于受测者本身的差异。但要做到完全客观（一致）的评分是较困难的。一般来说，不同评分者之间的一致性达到90%以上，便可以认为评分是客观的。

4）测评结果解释标准化

对测评分数的解释也必须有统一的标准。常模就是这样的一个标准，它是解释测评结果的参照指标。

5. 对测评的鉴定

测评编好后，必须对其测评的可靠性和有效性进行考验，以便确定测验是否可用。对测评的鉴定，主要是确定其信度系数和效度系数。

（1）信度，即用同一测评多次测量同一团体，所得测评结果之间具有一致性。信度是衡量测评质量的最基本指标，因而测评编好后首先要鉴定该测评的信度。

（2）效度，即一个测评在多大程度上能够测得所要测得的东西。

（3）测评量表与常模。测评编制者为了说明和解释测评结果，必须注重测评的性质、用途以及所要达到的测评量表的水平。按照统计学的原理，把某一标准化的测评分数转化为具有一定参照点、等值单位的导出分数，这就是所谓的测评量表。将标准化样本的测评分数与相应的某一或几个测评表分数一起用表格的形式呈现出来，就是该测评的常模表。

4.3.5 问卷设计及编制过程

1. 调查问卷设计过程

首先对各影响因素及干预策略界定，设计问卷测量项目，根据计算出来的信效度分析结果修改问卷，最终形成煤矿职工的不安全行为发生机理的调查问卷。具体设计过程如下：

（1）调查对象：根据煤矿职工工种分类，对综采安装、掘进开拓、机电、运输、"一通三防"和其他进行随机测评，并将其特征按照年龄、性别、婚姻状况、学历职级和工作年限分开。

（2）调查过程：第一步是采访煤矿工人。首先，向受访者详细介绍煤矿工人不安全心理影响因素变量的概念，并对这一概念展开讨论。其次，被访谈者理解概念后对不熟悉的问题讨论，并对其解答，直至真正理解整个问卷量表内容。最后，根据访谈记录，初步形成调查问卷。第二步由专家修订问卷项目，并询问专家问卷项目是否真实有效，即对初步形成的煤矿工人不安全心理影响因素变量项目再进行讨论、分析、修改，最终得到煤矿工人不安全心理相关变量调查问卷。

2. 调查方法

问卷调查主要采用线上、线下调查的方式进行，为了保证问卷的保密性、代表性、真实性、完整性，采取了以下措施：

（1）员工自愿作答。

（2）公司领导不干涉员工填答问卷的内容。

（3）每位员工只填答一份，不能由其他同事代填。

（4）问卷填答过程，如有任何疑问，员工可及时致电进行心理咨询。

3. 调查工具

参见附录。

4.4 基于贝叶斯网络的煤矿职工安全心理评价研究

贝叶斯网络是描述随机变量间因果关系的一种语言，它可以通过分析大量、庞杂的消防数据样本建立网络拓扑结构；并且通过大数据概率计算方法，获得网络边缘络节点的概率密度和中间节点的条件概率；同时还可以进行网络推理，分别来预测某个条件下事件的发生概率。贝叶斯网络分析时，通常按照先建模后推理的顺序开展研究。

4.4.1 贝叶斯网络模型理论

贝叶斯网络分析方法是将图论与概率论有机结合，从而形成的数据处理方法和因果推理方法。该方法是以严格的数学概率推理为基础，采用图形方式来描述变量之间的概率关系，用概率论处理要素之间的因果联系，用网络结构来表达要素之间的连接关系和影响程度的一种推理方法。目前该方法已成为不确定知识表达和推理技术的主流方法之一，用于解决复杂的系统工程问题和推理问题，在大数据领域和人工智能领域中得到广泛应用。

贝叶斯网络直观上表示为一个有向无环图，如图4-5所示。贝叶斯网络是由节点和节点间有向连接线构成，且图中的节点之间的关系并不是

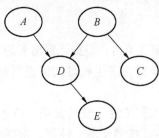

图4-5 贝叶斯网络示意图

循环或封闭的。网络图中的节点代表影响网络的一个因素，同时也是一个随机变量，该变量是由最终推理目标相关的问题抽象而来，且具有一定的物理意义和现实意义。

贝叶斯网络图中，节点间连接线具有一定方向性，因此它可以表达变量间的因果关系或依赖关系。该方法规定：箭头的起始端称作父节点（图 4-5 中的 D 节点），终止端称作子节点（图 4-5 中的 E 节点），节点树中顶端的节点称作根节点（图 4-5 中的 A 节点和 B 节点）；若节点之间没有连接线，则表示节点所代表的变量之间无因果联系，就是变量之间是条件独立的。

1. 贝叶斯网络原理

1）条件概率

假设事件 A 与事件 B 是两个基本事件，且 $P(A) > 0$，若事件 A 与事件 B 存在某种因果联系，若当事件 A 发生时，事件 B 发生的条件概率可以表示为：

$$P(A|B) = \frac{P(AB)}{P(A)} \tag{4-10}$$

2）先验概率

假设 A_i 是事件集 $A = \{A_1, A_2 \cdots A_n\}$ 中第 i 个的基本事件，通过大数据搜集开展深入数据挖掘、数据分析或者通过专家识别后，可以得出任意一个事件的发生概率值，即先验概率值，记为 $P(A_i)$。

3）后验概率

后验概率指的是在已知某条件事件一定发生的条件下，引发结果事件发生的可能性大小。如，假设 $A = \{A_1, A_2 \cdots A_n\}$ 是基本事件集，事件集 $B = \{B_1, B_2 \cdots B_n\}$ 是由事件集 A 发生引起的结果事件集，在确定事件一定发生的情况下，事件集 B 中的某个事件 B_i 发生概率可以表达为 $P(B_i|A)$，即为后验概率。可以看出后验概率既受到先验概率的影响也受到条件概率的影响，并且概率值随着两者的变化而不断变化。

4）乘法公式及推广

假设前提条件不变，由式（4-10）可得：

$$P(AB) = P(A) \cdot P(B|A) \tag{4-11}$$

当事件数量由两个变为多个时，事件的因果关系更加复杂。若结果事件集 B 中的各基本事件 B_i 形成链式因果关系时，即事件集 $B = \{B_1, B_2 \cdots B_n\}$ 中，事件 B_1 引起事件 B_2，…，事件 B_{n-1} 引起事件 B_n，如图 4-6 所示。则事件 B_n 发生的概率可以用联合概率表示，可将公式推广为：

$$P(B_1 B_2 \cdots B_n) = P(B_1) \cdot P(B_2|B_1) \cdot P(B_3|B_1 B_2) \cdots P(B_n|B_1 B_2 \cdots B_{n-1})$$

$$\tag{4-12}$$

图 4-6　链式贝叶斯网络图

5) 全概率公式

假设 $A = \{A_1, A_2 \cdots A_n\}$ 是基本事件集，B 是由事件集 A 发生引起的结果事件，$U_{i=1}^{n} A_i = \Omega$（Ω 为样本空间）且事件 A_i 相互独立，则事件 B 发生的概率为全概率，计算公式为：

$$P(B) = \sum_{i=1}^{n} P(A_i) \cdot P(B \mid A_i) \qquad (4-13)$$

6) 贝叶斯公式

假设 $A = \{A_1, A_2 \cdots A_n\}$ 是基本事件集，这些基本事件互不相容，B 是由事件集 A 发生引起的结果事件，且 $P(A_i) > 0$，$P(B) > 0$，$i = 1, 2, \cdots, n$。由式（4-10）、式（4-11）和式（4-13）可得出贝叶斯公式：

$$P(A_i \mid B) = \frac{P(B \mid A_i) \cdot P(A_i)}{\sum_{i=1}^{n} P(B \mid A_i) \cdot P(A_i)} \qquad (4-14)$$

从式（4-14）中可以看出，贝叶斯公式实际是一种后验概率公式，也叫逆概率公式，需要事先已知先验概率 $P(A_i)$，通过调查获得新的附加信息 $P(A \mid B_i)$。通过上文论述，可以将贝叶斯方法运用过程归纳如下几点：

(1) 随机变量 θ 为未知参数向量，变量 θ 有了两种状态，分别为"发生"和"不发生"；$X = \{x_i \mid x_1, \cdots, x_n\}$ 为样本的集合。当 θ 一直为"发生"时，那么样本 X 的联合分布密度可以看成是样本对 θ 的条件概率，可以表示为 $P(x_i \mid \theta)$。

(2) 可根据历史数据或专家知识获得 θ 的先验概率分布用 $P(\theta)$ 表示。

(3) 利用条件概率 $P(x_i \mid \theta)$ 和先验概率 $P(\theta)$，由式（4-12）和式（4-13）可以求出 $X = \{x_i \mid x_1, \cdots, x_n\}$ 与 θ 的联合概率分布和样本 $X = \{x_i \mid x_1, \cdots, x_n\}$ 全概率分布。

(4) 利用后验分布密度 $P(x_i \mid \theta)$ 可以对 θ 做出推断：

$$P(\theta \mid x_1, \cdots, x_n) = \frac{P(\theta) \cdot P(x_1, \cdots, x_n \mid \theta)}{P(x_1, \cdots, x_n)} \qquad (4-15)$$

$$P(x_1, \cdots, x_n) = \int P(\theta) \cdot P(x_1, \cdots, x_n \mid \theta) \mathrm{d}\theta \qquad (4-16)$$

因此，未知参数向量 θ 可反映出有向无环图中变量之间的相关性和局部概率，在每个子节点处，这一组参数向量通常用条件概率表（Conditional Probability Table，CPT）的形式表示，CPT 表可量化出每个节点相对于父节点的条件概率值，可以精确地反映出父子节点间的相关强度。

2. 贝叶斯网络的建模

要分析海量数据间的因果关系，掌握数据的内在联系需要通过贝叶斯网络建模实现，网络建模的过程主要是采用大数据挖掘技术或专家知识等手段进行网络学习，从而确定贝叶斯网络结构和节点的条件概率分布，贝叶斯网络建模的流程如图 4 -7 所示。

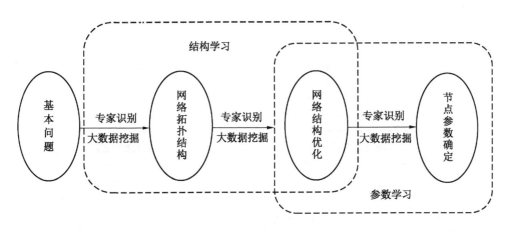

图 4 -7　贝叶斯网络建模流程

1）网络结构学习

贝叶斯网络结构学习的目的是寻求一种最符合变量间关系的网络结构来建立数据之间的关系。结构学习主要是确定网络拓扑结构，属于贝叶斯网络建模的"定性"阶段，通常有如下 3 种方式：一是通过专家识别的方法手动建立模型拓扑结构，但这样构建的网络通常不够准确，尤其面对海量数据的复杂系统，手动构建网络模型十分困难甚至无法实现。二是进行大数据挖掘，获取贝叶斯网络，这种结构学习的方法通常计算比较复杂，对于复杂系统常利用计算机软件辅助建模，常用的自动建模的算法有依赖性测试法和评分搜索法两种。三是两阶段建模法，是手动和自动建模的结合，充分发挥各自的优势，以达到事半功倍的效果，一般来说先由专家识别手动建立贝叶斯网络，然后通过历史数据学习进行自动修正从而建立模型。

2）网络参数学习

通过分析给定的贝叶斯网络结构，学习计算得出网络参数的过程即为参数学习。参数学习有两种方式：一是由专家制定节点的参数分布，这种方法的特点同前文所述，同样不够准确。二是从数据样本中直接学习，通常运用的数学算法为极大似然估计和贝叶斯估计，其中极大似然估计应用最为普遍；而贝叶斯估计法是参考了参数先验知识的特殊极大似然估计算法。本文所采用极大似然法作为主要参数学习方法。

3. 贝叶斯网络的推理

贝叶斯网络推理核心问题是计算后验概率分布，理论计算方法见式（4-14）和式（4-15）。网络推理算法主要分为精确推理和近似推理两类，如图4-8所示。

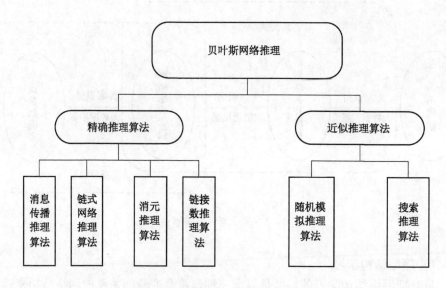

图4-8　贝叶斯网络推理算法及分类

推理中，通常将已知参量称为证据参量，记为 E，其取值为 e；将后验概率分布称作查询参量，记为 Q。由式（4-16）可将查询参量记为：

$$P(Q \mid E = e) = \frac{P(Q, \ E = e)}{P(E = e)} \tag{4-17}$$

4.4.2　煤矿职工安全心理评价指标体系构建

利用贝叶斯网络评价兴隆庄煤矿职工心理健康状态时，首先应明确评价模型的总体目标，确定目标节点为"某矿职工心理健康水平"。指标体系的构建流程如图4-9所示，一是在充分利用之前学者的研究成果，通过文献梳理和专家咨询将《矿山职工心理健康发展综合评价指标体系及评价方法》中的指标体系加以修改。二是提取与兴隆庄煤矿职工心理健康密切相关、对目标节点影响较大的因素作为网络节点，初步建立起贝叶斯网络结构。三是利用大数据分析和结构学习确定拓扑结构。四是进行参数学习，确定各节点在状态空间的概率和变量间的条件概率，并获得各因素对目标节点的重要度。五是输入证据变量，开展网络推理，得到最终的评价指标体系。

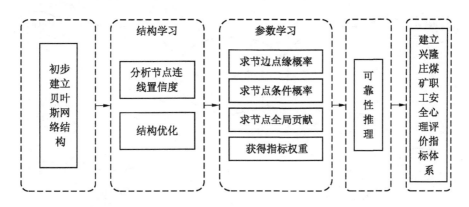

图4-9　兴隆庄煤矿职工安全心理评价指标体系的构建过程

只有选取合理的因素作为贝叶斯网络模型节点，才能构建出实用的评价模型。现有的煤矿职工安全心理评价方法中部分指标在适用性、获取难度和计算上存在着一些问题，因此本文对部分指标进行了取舍和完善。

笔者在充分借鉴该指标的基础上，对原有的二级指标进行补充、调整、重新定义，将原有的3个二级指标初步调整为4个。把一级指标作为贝叶斯模型的一级网络节点，把调整后的4个二级指标作为贝叶斯模型的二级网络节点，初步调整后的网络结构如图4-10所示。

4.4.3　数据收集与处理

由上节可知，煤矿职工安全心理评价分为4个一级网络节点（A、B、C、D）和13个二级网络节点（A_1，A_2，A_3，A_4，B_1，B_2，B_3，B_4，C_1，C_2，C_3，D_1，D_2），在问卷内容设计中，根据心理行为等规范标准，在充分听取专家意见建议、考虑调查可操作性的基础上，紧紧围绕图4-10的安全心理评价网络结构设计了调查问卷的题目，问卷内容见附录。

为了方便数据处理，问卷设计中将答案选项按不同影响指标确定了评分规则。例如节点指标A_1心理健康的评分规则设计了4个备选选项，这样在节点指标评分计算时可将4个备选项转化成4级评分，按问卷选项顺序从左至右将分数记分为0~3分。有的节点指标问卷设计中，由于节点只能选"是"或"否"，

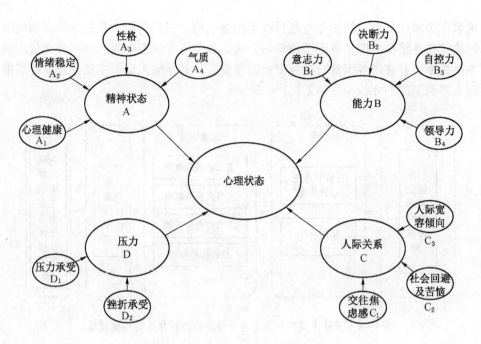

图 4–10 初步调整后的网络结构

因此本题目只设置了 2 个选项，例如节点指标"领导能力（B_4）"的问卷设计中。

自 2019 年 12 月 16 日至 2019 年 12 月 17 日，通过发放纸质问卷方式，在兴隆庄煤矿开展煤矿职工行为隐患心理安全问卷调查，调查对象为各分区的矿井工人，统计样本工作性质和工作年限数据见表 4–7 和表 4–8。调查中，共发放了 200 份问卷，收回 194 份，扣除填写不完整的问卷 8 份，剩余有效问卷 186 份，问卷有效回收率为 93%。

表 4–7 样本工种分布

工种	采煤工	井下机修工	掘砌工	输送机司机	井下电修工	液压支架工	技术人员	带式输送机司机	班组长
样本数	21	19	21	20	19	28	20	20	18

表 4–8 样本工作年限分布

工作年限	3～10 年	11～20 年	21 年以上
样本数	45	73	68

96

在问卷数据处理过程中，为了较为科学、合理的获得消防安全 13 个指标的评分结果，本文采用先父节点后子节点的顺序计算评分的数据处理方法。

目标节点 Z 下包含有 m 个一级网络节点 A，B，$\cdots$，M，各一级节点的评分依次为 K_1，K_2，$\cdots$，K_m，则目标节点 Z 的得分以算数平均值记：

$$Z = \frac{K_1 + K_2 + \cdots K_m}{m} \qquad (4-18)$$

同理，对于一级网络节点 A，若它包含 n 个二级网络节点 A_1，A_2，$\cdots$，A_n，则一级网络节点 A 的得分为：

$$X = \overline{X} \frac{\sum_{i=1}^{n} X_i}{n} \qquad (4-19)$$

4.4.4 基于贝叶斯推理的煤矿职工不安全行为心理影响研究

贝叶斯推理是贝叶斯网络的重要内容，它是在已知贝叶斯网络结构和网络参数的基础上，根据已知证据变量计算非证据变量的后验概率的过程。贝叶斯推理问题是条件概率推理问题，它总是通过具体事例进行表述，主要分为后验概率问题、最大后验假设问题以及最大可能解释问题，所谓的概率推理就是后验概率问题。

本文通过对贝叶斯网络节点之间的熵权进行分析，结果显示构建的因果关系图是满足贝叶斯网络条件独立性的。通过贝叶斯网络参数的灵敏度分析，判定了贝叶斯网络参数的正确性。以构建的煤矿职工不安全行为心理影响的贝叶斯网络模型为基础，利用联合树推理算法，从概率推理方面研究煤矿的心理状态对不安全行为的影响。

1. 节点条件概率分析

利用条件概率分析变量间的相互影响程度是建立贝叶斯网络的关键所在。贝叶斯网络参数学习的实质是求取 DAG 中各节点的条件概率分布。目前，贝叶斯网络参数学习算法主要有最大似然估计、贝叶斯估计、期望最大（EM）算法。由于事故调查报告中存在部分数据缺失的情况，本文采用了可处理缺失数据的参数学习算法，即 EM 算法。EM 算法的求解过程可分为两步：

（1）E（期望）步。依据观测到的变量和当前参数值计算样本的概率分布期望：

$$Q(Q^i \mid Q^{i-1}) = E[\lg P(Y \mid Q^i) \mid Q^{i-1}, D] \qquad (4-20)$$

式中，$P(Y \mid Q^i)$ 为特定情况下事件发生的条件概率，Y 为要研究的事件，Q^i 为导致事件 Y 发生的各因素；D 为样本数据集。

（2）M（最大化）步：求当 E 步的概率分布期望最大时 Q^i 的值，即

$$Q^i = \text{argmax} Q(Q^i \mid Q^{i-1}) \qquad (4-21)$$

将得到的 Q^i 值重新代入式（4-21），反复迭代，从而求得最优解。利用 GeNie 软件的参数学习功能得出贝叶斯网络模型中各节点的条件概率分布。

本文通过诊断推理来推断引起事故发生的职工心理状态原因，通过赋予贝叶斯网络不同的证据变量，推断各基本节点发生的可能性大小，具体结果见表4-9。

表4-9　根节点概率分布

根节点	概率分布			
	精神状态	承压能力	人际交往能力	能力
气质	0.212	0.271	0.373	0.191
性格	0.205	0.243	0.431	0.126
情绪稳定性	0.409	0.402	0.255	0.241
心理健康	0.475	0.511	0.466	0.467
挫折承受	0.477	0.480	0.181	0.461
压力承受	0.481	0.502	0.162	0.457
交往焦虑感	0.303	0.337	0.499	0.128
社交回避及苦恼	0.378	0.301	0.442	0.298
人际宽容倾向	0.351	0.381	0.397	0.147
意志力	0.266	0.276	0.201	0.479
决断力	0.114	0.210	0.307	0.398
自控力	0.191	0.234	0.160	0.351
领导力	0.180	0.365	0.288	0.422

根据诊断推理数据，绘制煤矿职工心理状态对不安全行为影响的诊断推理折线图，如图4-11所示。它反映了根节点概率分布程度，根据曲线波动情况，推断煤矿职工心理状态对不安全行为的影响。

根据概率分布折线图，可以获得以下信息：①对职工精神状态而言，心理健康、压力承受和挫折承受对其影响显著，并且频率波动范围比较集中。其中，压力承受状况对煤矿职工影响最大。②对职工承压能力而言，心理健康、压力承受和挫折承受对其影响显著。其中，心理健康影响最大。③对职工人际交往而言，交往焦虑感、心理健康和性格对其影响显著，其中交往焦虑感对煤矿职工交往能力的影响波动比较明显，影响最大。④对职工能力而言，意志力、心理健康、挫

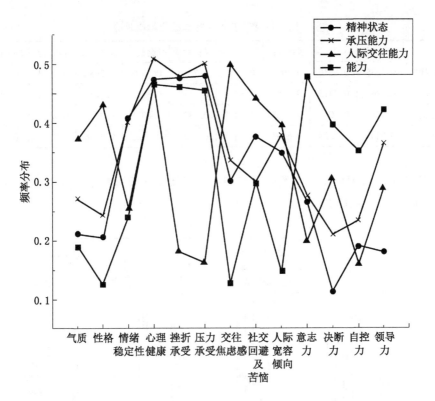

图4-11 煤矿职工心理状态对不安全行为影响概率分布折线图

折承受和压力承受影响显著。其中，意志力对职工能力的影响最大。因此，在节点指标中，心理健康、压力承受状况、交往焦虑感和意志力是影响煤矿职工心理状态的主要因素。

　　煤矿工人的心理健康和压力承受需从多个方面去研究。首先需要适当地进行心理教育，有针对性地进行心理疏导，不把生活带到工作中。其次为煤矿工人营造一个舒适和谐的工作环境，通过心理改善和工作氛围的改善来缓解部分员工的心理压力，全身心地投入到工作中。

　　提升职工技能的手段之一是对不够熟练的操作进行学习，这也可以在一定程度上减少违规和决策差错的发生。其次是加强员工培训，对于新进员工的实习期进行严格要求，提升职工工作时的意志力。

　　以上是根节点对煤矿职工心理状态影响的概率分析。煤矿职工的心理状态也可通过一级节点指标对二级节点指标产生影响，表4-10中所列的是煤矿职工心理状态一级节点指标的发生概率。

表 4 – 10　一级节点指标对二级指标概率分布

	气质性格	心理健康	情绪稳定	压力承受	挫折承受	社会交往	意志决断	自控力	领导力
精神状态	0.4235	0.8236	0.7006	0.6227	0.7419	0.3702	0.3982	0.3873	0.3530
承压能力	0.3709	0.7315	0.6480	0.8813	0.8419	0.3216	0.4235	0.3602	0.2503
人际交往	0.3297	0.7915	0.4763	0.4814	0.3873	0.8335	0.2793	0.2532	0.2139
能力	0.5805	0.5033	0.6903	0.3597	0.3123	0.4903	0.7576	0.7359	0.7444

同样地，根据概率分布绘制煤矿职工心理状态父因素对子因素影响概率分布柱状图，如图 4 – 12 所示。

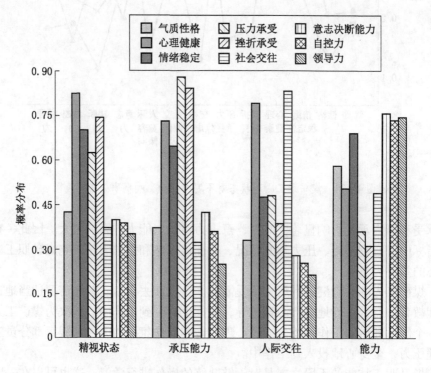

图 4 – 12　父因素对子因素影响概率分布图

由柱状图的分布趋势可以看出，当煤矿职工精神状态是影响其心理的因素时，心理健康问题对煤矿职工心理状态产生的影响最大，其次是挫折承受能力差；当承压能力是影响其心理的因素时，压力承受能力差对煤矿职工心理状态产生的影响最大，其次是挫折承受能力差。当人际交往是影响其心理的因素时，社会交往能力差对煤矿职工心理状态产生的影响最大，其次是职工心理健康出现问题；当能力状态是影响其煤矿职工心理的因素时，煤矿职工的意志决断能力对其心理状态产生的影响最大，其次是领导力和自控力差。因此可以发现，心理健康状态、压力承受能力、社会交往和意志决断力差是影响煤矿职工心理状态的主要因素。

矿工压力承受能力差在职工精神心理方面非常重要，它与煤炭安全状况息息相关。因此，在煤炭安全管理中要加强关心矿工压力承受方面的管理。例如经常关心工人的日常生活，了解其工作、生活以及家庭压力。

社会交往包括人际宽容倾向、交往焦虑感和社交回避，存在这方面焦虑的职工往往比较自我封闭，有问题不能及时反应，需要增加矿上聚会以及工友之间的交谈等活动，克服自己的恐惧，减少焦虑，从而能建立一个和谐、稳定、安全的工作环境。

5 煤矿职工行为隐患 RSAE 闭环管理体系

通过对兴隆庄煤矿职工行为隐患的评价预测，从人、机、环、管四个方面分析职工行为隐患的影响因素，深入研究行为隐患形成机理，从而确定煤矿 RSAE（Recognition、Systematics、Assessment、Education）闭环管理模式。在 RSAE 的闭环管理模式下，通过持续不断的改进，使兴隆庄煤矿职工作业行为在有效的控制状态下向预定目标发展。

5.1 煤矿职工行为隐患形成机理

从煤矿职工自身来看，产生行为隐患的原因主要是人在生产过程中存在侥幸心理、省能心理、自我表现心理、从众心理和逆反心理等等。在实际的煤矿安全生产中，随着煤矿安全管理水平和矿工安全操作技能的提高，以及自动化、智能化生产设备的使用，虽然外因（指管理环境因素、行为环境因素、工作环境因素、设备环境因素及社会环境因素等）在职工行为隐患的形成过程中起基础性作用，但是促使职工行为发生最终改变的还是来自于内因，特别是在外因的刺激下使职工产生的需要和动机。因此，基于马斯洛需求层次理论，应从需要和动机出发研究职工行为隐患形成机理。

行为科学认为，人的行为的一般规律是：外部客观事物的刺激引发需要，需要产生动机，动机支配行为，行为指向目标，即刺激—需要—动机—行为—目标，行为产生过程如图 5-1 所示。

1）需要

需要是个体和社会生存与发展所必须的事物在人脑中的反映，它是由外部因素刺激引起的。美国心理学家马斯洛（Abraham Maslow）在 20 世纪 40 年代提出了需要层次理论，他认为人的需要是多种多样的，按其强度不同可以排列成一个等级层次，如图 5-2 所示。其中，安全需要是人的基本需要之一，并且是低层次的需要，当生理需要被很好的满足之后，安全需要则随之在人们的生活中起主要作用。安全需要包括对结构、秩序和可预见性及人身安全等的要求，其主要目的是降低生活中的不确定性。保障人身安全是这一层次需要的重要内容。由于煤矿事故的偶发性和事故损失的偶然性，使职工产生了侥幸心理，无论是在生产操作还是在管理决策过程中，当安全需要与其他需要发生冲突时，往往就会忽视安全需要，进而导致不安全行为。特别是在以下情况，职工往往会选择不安全行为：

（1）当不安全行为与节省时间发生冲突时；

（2）当不安全行为与节省体力发生冲突时；

（3）当不安全行为与舒适发生冲突时；

（4）当不安全行为与经济利益发生冲突时。

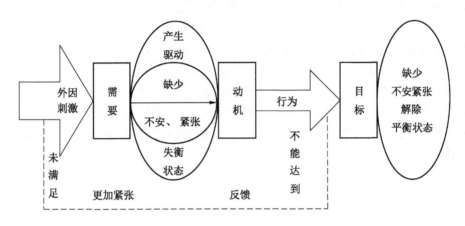

图 5-1　行为产生过程

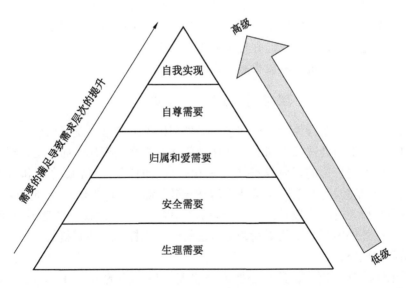

图 5-2　马斯洛的需要层次图

2）动机

动机是在需要的基础上产生的，是需要的表现形式。如果说人的各种需要是个体行为积极性的源泉和实质，那么人的各种动机就是这种源泉和实质的具体表现。虽然动机是在需要的基础上产生的，是由需要所推动的，但需要在强度上必须达到一定水平，并指引行为朝向一定的方向，才有可能成为动机。

当有多个需要并存时，往往是强度最大的需要具有优势动机，形成行动的驱动力。从主观上讲，没有人希望事故降临到自己身上。然而在客观现实中，经常存在更具诱惑力的刺激，引发人们对其更强烈的需要，并因此取代了安全需要的优势地位。例如，掘进或采煤爆破需要判断爆破位置，检查爆破地点、瓦斯浓度、发爆器母线连接情况、检查爆破警戒线。在爆破的过程中，必须坚持有一人站岗，爆破后等浓烟消散后至少两人检查爆破情况。如果职工的安全需要处于优势地位，便会遵章守纪按正确的操作程序行事。但是，客观情况是在爆破的一系列程序中，按正确的程序操作会用去很多时间，若这时安全监管缺失，安全需要就降到了劣势地位，作业人员极有可能在警戒线内爆破，甚至一个人一次装药多次爆破。

需要和动机是否最终转化为职工不安全行为，主要取决于职工对不安全行为和安全行为的风险与既得利益的比较。当职工主观认为不安全行为的收益大于安全行为的收益时，需要便形成不安全行为的动机。从动机到行为，其间的心理活动过程并没有完结，一方面人们具有获得收益（如省时省事）的需要，另一方面也希望自己不要出事故或不要受到处罚（行为成本）。正是因为不是所有的不安全行为都会导致事故的发生，并且没有强制约束力时，职工在不安全行为中获得的额外收益则会即时实现，并且会因为行为次数的增加而具有累加性，导致行为错误的心理认知，最终酿成事故恶果。

5.2　RSAE闭环管理体系的科学内涵

通过分析不安全行为形成机理可知，外部因素的刺激引发了煤矿职工的某种需要和动机，他们会选择不同的行为使需要和动机得到满足，而职工在行为选择之前会考虑不同行为的行为收益（生理和心理、时间、经济收益）和行为成本（法规执行和危险压力成本）。但是随着外部因素的不断变化，特别是煤矿管理部门对职工行为进行管理时，各种行为的行为成本和行为收益也是不断变化的，职工会根据外部因素的变化不断调整自己的行为选择，这种调整的过程可以看做一个闭环管理模式。

所谓闭环管理模式，其核心要义是将安全生产中的人、机、环、管等各要素，按照"人机互补、人机制约、互相控制、互相促进"的原则，进行全方位的系统整合，构建出一个"各成体系、相互联系、管理同步、密不可分、闭合循环"的闭环模块，真正实现生产过程中人、机、物互动融合、和谐共生的安全氛围和安全境界，有效推动安全生产的健康发展。

对兴隆庄煤矿进行合理有效的安全管理中，构建了 RSAE（Recognition、Systematics、Assessment、Education）闭环管理模式，以确保煤矿安全生产系统的闭环控制，做到凡事有目标、有管理、有制度、有考核、有结果、有反馈，形成"事事有人管、管理靠闭环、闭环保安全"的闭环式管理模式。同样，RSAE闭环管理模式也是按照这个顺序循环开展安全管理，如图5-3所示。

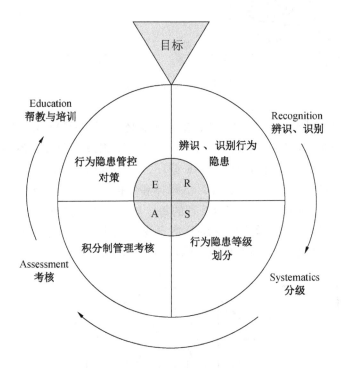

图 5-3　RSAE 闭环循环图

RSAE 循环主要有以下几个特点：

（1）周而复始，阶梯式上升（图5-4）。RSAE 循环是一个不断解决问题、逐步上升的过程。每一个 RSAE 循环并不是运行一次就终止了，也不是在原地不断地转圈，而像是爬楼梯一样，每一个循环都有新的目标和内容，未解决的问题和新出现的问题会进入下一次循环。在周而复始的循环过程中，生产管理者的管理能力和生产效率都会得到不断的提高，煤矿安全生产水平也会不断提高。

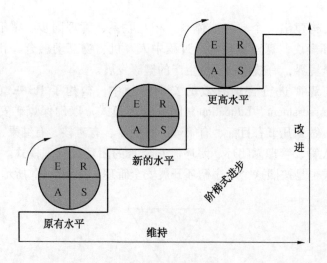

图5-4 阶梯式发展图

（2）大环套小环，小环保大环，推动大循环（图5-5）。RSAE 循环不仅包括整个煤矿企业，也包括企业内的科室、区队、班组以至个人。各级部门根据煤矿企业的方针目标，都有自己的 RSAE 循环，大环带动小环，一级带一级，有机地构成一个运转的体系。大环是小环的母体和依据，小环是大环的分解和保证。

RSAE 闭合式循环运用于安全管理的每个阶段、每个层次，可以及时发现问题并制定整改措施，落实解决。RSAE 贯穿煤矿安全生产的全过程，通过 RSAE 的多次循环，能更加有效地避免或消除行为隐患的发生。

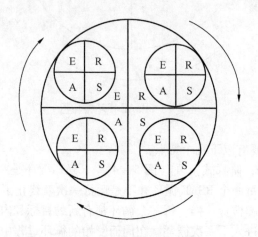

图5-5 层次循环关系图

5.3 RSAE 闭环管理体系的运行体系

5.3.1 RSAE 闭环管理体系的具体流程

根据煤矿职工行为隐患 RSAE 闭环管理体系,详细介绍行为隐患分级、积分考核和帮教与培训的闭环管理流程。其中,R 是闭环管理的开始与基础,S 是通过分级来区分行为隐患严重性,A 是通过积分来总结差距与问题,E 是制定科学合理的措施来进一步改进。RSAE 闭环管理体系能够对矿工行为隐患实现有效的闭环管理,使安全管理工作更加条理化、系统化、科学化,在不断地解决问题、矫正不安全行为的过程中,煤矿安全生产水平不断上升。

1)Recognition 辨识、识别

辨识、识别煤矿职工行为的行为隐患是 RSAE 闭环管理体系的开始与基础。职工不安全行为隐患与职工表现行为息息相关,将兴隆庄煤矿职工行为隐患按照单位、工种和时间差异性进行统计分析,得出不同单位、不同工种以及不同月份行为隐患人数的分布规律与特征,而后对其进行行为隐患评价,为下一步行为隐患等级划分做好铺垫。

2)Systematics 分级

为了进一步提高煤矿安全管理水平,使职工安全行为规范化、日常化,兴隆庄煤矿基于分级管理理论,充分利用企业所有资源,通过相互协调组合来确保企业的综合生产效率。兴隆庄煤矿根据行为隐患可能产生的后果、违章人意图和情节轻重将行为隐患等级分为严重"三违"(A 级、B 级)和一般"三违"(C 级、D 级、E 级),不同等级意味着行为隐患的严重程度不同,并对五级行为隐患按照专业分工(通用部分、采掘专业、机电专业、"一通三防"专业、辅助运输专业、地测防治水专业)进一步细化,矿山各个专业的细化使管理工作更加细致具体。行为隐患的分级制度将隐患严重程度评定后进行细化区分,分级制度既对行为隐患管理工作的轻重缓急提供参考指标,也让工人对于不同程度的行为隐患有了清晰的认知,使职工的日常工作更加规范。

3)Assessment 考核

将矿工行为隐患从低到高分级之后,第二阶段就是考核阶段。通过积分制管理对职工现场工作中出现的不安全行为进行积分考核,根据不同的行为隐患等级,由 A 级至 E 级,分别进行积分等级划分,对工区有制止行为隐患指标人员出现违章行为的,积分升级考核,班组长分别积分为 12、6、3、2、1 分/次,相关部室管理人员分别为 18、9、5、3、2 分/次,高层管理人员分别积分为 24、12、6、4、2 分/次,不同的积分层次也体现了不同岗位的责任轻重。每月底,各工区要向安全监察处上报有制止行为隐患指标人员名单,重点是管理人员和班组长。根据各工区内、外部行为隐患积分之差进行月度考核排名，根据排名分别对领导、职工进行奖罚处理，由管理人员和职工共同承担。通过积分考核的奖罚制度加强员工安全生产的责任心，从而提高安全生产的效率。

4）Education 帮教与培训（核心环节）

该阶段是整个运行体系中的核心环节，为了进一步管控职工行为隐患，在对职工行为隐患进行分级、考核之后，建立行为隐患帮教制度，构建煤矿职工行为管控体系。针对突出行为隐患的相关人员进行有效的安全教育，使职工培养良好的安全意识并养成良好的安全操作习惯。行为隐患帮教制度具体如下：行为隐患等级为 C、D、E 级的职工要进行过"两关"教育，班后分析关和检讨保证关。行为隐患等级为 B 级的职工要进行过"三关"教育，工区分析关、工区谈话关、深刻检查关，B 级行为隐患属于中间层次，所以提高了管理水平，增加了帮教步骤。行为隐患等级为 A 级的职工，是重视程度最高的，所以要进行待岗培训过"六关"教育，分析处理关、亮相警示关、工区帮教关、亲情教育关、培训考核关、约谈监督关。通过全方位、各层次的完备教育，才能达到教育的最终目的，从而全面提高工人的安全意识。行为隐患帮教制度的建立，使职工在思想上、精神到得到提高。开展亲情教育工作，更使职工在亲情关爱的良好氛围中增强安全意识，提升安全理念，自觉遵守章程，有效促进职工做到自保、互保，从而提高企业效率。

整个 RSAE 过程是一个循环的过程，经过帮教与培训过程对存在的行为隐患开展教育培训工作后，进入下一个 RSAE 循环，即是对之前不同等级的行为隐患进行考核教育，对职工可能会存在的一些不安全行为进行规范，在周而复始的循环过程中，使得煤矿安全管理的状况越来越好。

5.3.2 RSAE 闭环管理体系的实施原则

1. 坚持以人为本的原则

煤矿井下作业具有劳动环境恶劣、劳动强度大、工作单调乏味、工作时间长等特征，当职工社会需要、劳动需要、物质和文化生活需要同现实发生矛盾时，就会引起情绪波动，以至产生思想问题。人是安全管理的主体，又是安全管理的客体。RSAE 闭环管理模式强调激励人的能动性，调动人的积极性，满足人的各种合理需要，协调人际关系。因此，在实施过程中，要主动关心职工切身利益和其他方面利益的实现和发展；对职工在工作和生活中的一些急需要解决的实际困难，只要有条件都要采取有效措施加以解决，对一时难以解决的问题，也要向职工耐心解释，指明前景，给他们以信心和希望，并努力创造条件去解决；尽可能满足工作人员物质和精神上的合理需要，沟通好人际关系，创造和谐的班组环境和气氛，重视职工的思想政治工作、激发职工的事业心和责任心。

2. 坚持民主平等的原则

管理者与被管理者应当保持在相同的基准线，不能以高姿态来面对被管理者，更不能以恶劣的言语斥责工人。对职工存在的不同想法和思想要有包容的心态，尽量用言语耐心地开导，不能采取粗暴无礼的教育方式。在对行为隐患职工进行帮教的过程中，通过不同层次的过关教育，使职工在思想上、精神得到提高，更要使职工在亲情关爱的良好氛围中增强安全意识，提升安全理念，自觉遵守章程，有效促进职工做到自保、互保，保证煤矿安全生产。

3. 坚持理论联系实际的原则

理论源于实践，实践靠理论来指导。在对职工行为隐患管控的过程中，不仅要对矿工进行安全教育培训，口头传授安全方针、政策、法规、基础安全知识及专业知识，还要结合实践，让职工按照岗位操作标准化流程进行重复性训练，按照习惯养成训练法，采取军事化训练模式，进一步提高操作技能和隐患辨识能力，让其把岗位标准化动作成为一种习惯，从而确保职工安全作业。

4. 坚持奖罚相结合的原则

在对职工进行积分制考核过程中，坚持奖罚结合、以奖励为主、惩罚为辅的原则。主动奖励矿工安全行为，从而引导这种行为的重复发生；惩罚矿工不安全行为，引导这种行为不再发生。如果矿工认为个人获得的回报与其所努力获得的工作绩效相符，矿工就会感到满意，进而激发矿工的积极性。此外，管理者引导矿工树立科学的公平观，帮助他们获得正确的公平感，可以使矿工的努力向着组织目标方向靠拢，这也是 RSAE 闭环管理模式健康运转的重要部分。

6 煤矿职工行为隐患分级管理细则

6.1 职工行为隐患分级理论

分级理论多运用于风险分级，而风险分级管控是指按照隐患的不同级别、所需管控资源、管控能力、管控措施的复杂及难易程度等因素而确定不同管控层级的管控方式。通常风险分级的基本原则有以下三点：①系统性：是指运用系统工程相应的方法对目标系统进行分析，将其所具备的初始、边际条件进行归类形成完备统一的整体。②实用性和可操作性：分级过程中应该充分考虑现实因素和条件，将理论与实际情况相结合，提高其实际可行性。③针对性：由于风险分级的现实条件不同，进行风险分级需要具体问题具体分析，针对不同情况做出相应的优化和改进，不可盲目的"因评价而评价""因分级而分级"。

根据风险分级的原则，目前有关风险分级理论的研究将风险隐患的分级大致分为字母等级法和颜色等级法两个标准。D 值计算公式为 $D = L \times E \times C$，其中，D 为风险分值，L 是事故发生的可能性，E 是接触危险环境的频繁程度，C 是事故产生的后果。RSAE 风险分级体系如图 6-1 所示。

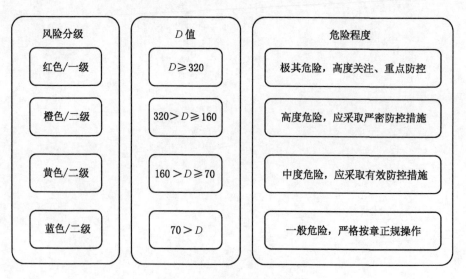

风险分级	D 值	危险程度
红色/一级	$D \geqslant 320$	极其危险，高度关注、重点防控
橙色/二级	$320 > D \geqslant 160$	高度危险，应采取严密防控措施
黄色/二级	$160 > D \geqslant 70$	中度危险，应采取有效防控措施
蓝色/二级	$70 > D$	一般危险，严格按章正规操作

图 6-1　RSAE 风险分级体系

1. 字母等级法

很多学者将事故隐患按严重程度分为三级，具体如下：A 级为严重隐患，以人身伤亡程度和经济损失程度为度量，可能会导致多人致伤致亡或者严重影响工程进度，以及需县级以上相关部门介入调查并进行解决的重要事故隐患；B 级为较大隐患，导致人员伤亡并伴有一定经济损失，较大程度上影响工期，且事故后恢复正常作业较慢，需要限期解决的隐患；C 级为一般隐患，无较重人员受伤情况，不影响工程进度，且事故处理较为简单，可直接由业务部门处理解决的轻度隐患。

2. 颜色等级法

颜色等级法将风险等级分红、黄、白三种级别，具体如下：红色，可能威胁到人的生命安全的严重隐患，立即停止现场生产作业，组织隐患整改；黄色，可能造成工伤的较大安全隐患，责令停止相关作业，先组织整改隐患；白色，一般的工程质量问题或不会造成人员伤害的隐患，限定时间和责任人进行整改。

本章在风险分级方法的基础上，结合兴隆庄煤矿职工行为隐患实际情况，采取颜色分级和字母分级相结合的方式，确立行为隐患红黄牌分类标准以及 A、B、C、D、E 五个等级，并对五级行为隐患按照专业分工（通用部分、采掘专业、机电专业、"一通三防"专业、辅助运输专业、地测防治水专业）进一步细化。所建立的行为隐患分级体系更加具体化，严格考核煤矿的每个人、每个部门是否按照矿工行为准则，保证了职工安全行为规范化、日常化，确保企业的综合生产效率，提高安全生产水平，在矿山企业的实际应用中更具有普适性。

6.2　A 级安全生产隐患

1. 采掘专业

（1）有冲击地压危险的回采工作面顺槽超前支护选用液压支架时，超前支护距离少于 40 m；采用单体液压支柱支护时，实体煤顺槽超前支护距离少于 60 m，沿空顺槽超前支护距离少于 120 m。

（2）冲击地压危险工作面电站尾距离工作面不符合规定（少于 150 m）。

（3）采掘机械装备紧停闭锁装置失效。

（4）采掘工作面空顶范围超过规定或出现冒顶没有安排处理且继续施工。

（5）有冲击地压危险的采取爆破措施时，爆破后不足 30 min 进入工作面。

（6）处理采煤机故障时不摘开滚筒离合器。

（7）工作面初次放顶未编制专项安全技术措施。

（8）工作面支架出现死架、歪架（与地板度数相比超过 15°）。

（9）顶板不垮落，悬顶距超过作业规程规定，不及时处理。

（10）在有冲击地压危险的地点作业时，作业人员的人数不符合规定的。

2. 机电专业

（1）箕斗装载口高度不合适或箕斗漏炭。

（2）无安全措施超距离供电。

（3）井筒内罐道梁、罐道等设施严重变形而未采取措施。

（4）计量装置失效或者人为超载提升。

（5）提升闭锁、电话、信号装置不全。

（6）备用绝缘靴、绝缘手套不按规定试验。

（7）高压验电器不按规定试验。

3. 辅助运输专业

（1）提升设备主绳、尾绳断丝超过限定。

（2）架空乘人装置钢丝绳断丝超限。

（3）主要斜巷运输未配备保安绳。

（4）井下拆解在用风车器具，造成车辆装封车不合格。

（5）运送危险品没有采取特殊措施。

（6）处理大件掉道时，有关人员不及时到位。

4. 地测防治水专业

（1）不坚持有疑必探。

（2）不执行超前探放水及其他防治水安全技术措施或发现有透水预兆强行作业。

（3）提供虚假图件、图纸资料错误或图纸资料与现场偏差过大，影响安全生产或影响事故抢险救灾。

（4）进行防冲工作时未采取钻孔卸压或钻孔卸压孔参数不符合规定。

（5）冲击地压工作面推进速度超规定。

（6）冲击地压区域未开展矿压监测。

（7）对含水层的富水性、断层的富水性和导水性分析不足，判断不准，特殊地点没有采取必要的探放水措施。

（8）每年雨季前未对防治水工作进行全面检查，防洪措施执行不力，排水系统未进行联合试运转。

5. "一通三防"专业

（1）盲巷不设栅栏。

（2）未经批准随意将通风专线停电。

（3）甲烷电、风电闭锁装置擅自甩掉不用。

（4）才没工作面回风隅角未按规定采取设置挡风帘、导风帘等措施造成隐患。

（5）工作面停采撤除期间未及时按措施施工防火钻孔并压注防火剂。

（6）不按分级管理规定排放瓦斯。

6.3 B级安全生产隐患

1. 通用部分

（1）发现顶板有淋水不加强支护。

（2）斜巷各车场无提升行车声光报警信号，机车运输巷道的交叉道口、弯道无机车行车声光报警装置。

（3）进入危险区域班组长未带《危险区域作业风险分级表》。

（4）不按措施作业。

2. 采掘专业

（1）采掘工程平面图中井巷工程或硐室等内容填绘错误或漏填。

（2）综掘机液压油箱进水乳化。

（3）通断层、破碎带没有补充措施。

（4）工作面遇有断层构造没有加强支护。

（5）放冲采掘工作面安装压风自救系统，距采煤工作面或掘进迎头超过规定距离。

（6）采煤工作面梁端距以及端头区空顶距超过规程规定。

（7）泵站压力未达到规定要求。

（8）围岩变形严重，巷道压力集中或有冲击地压危险区域，锚杆托盘未采取防崩措施。

（9）运输机机尾处无护罩。

（10）掘进工作面无锚杆力矩扳手或力矩扳手不完好。

（11）掘进工作面无锚杆拉拔仪或锚杆拉拔仪不完好。

（12）掘进工作面支护设计中采用单体液压支柱支护时，现场无监测仪器或仪器不完好的。

（13）采煤工作面未配备单体支柱压力检测工具或无法检测。

（14）带式输送机主驱动滚筒包胶损坏严重不及时更换。

（15）采掘工作面不按正规循环作业。

（16）冲击地压区域管路吊挂高度超过规定。

（17）巷道修复无故影响通风断面和车辆运行。

（18）作业现场工具不齐全和没有备足材料处理冒顶。

（19）刮板输送机压注后不处理，不采取措施强行开启。

3. 机电专业

(1) 保护装置试验不灵敏或不起作用。

(2) 电缆外皮检验有电。

(3) 在用的机电设备设置地点未设瓦斯检查点。

(4) 输送机输送带接头硫化质量差。

(5) 输送带钢丝绳芯锈蚀、断裂而未及时采取措施。

(6) 备用绝缘靴、绝缘手套破损失效。

(7) 配电点无砂箱灭火器。

(8) 各种入井管线、接地装置不定期检查。

4. 辅助运输专业

(1) 矿车连接装置不做拉力实验。

(2) 绞车信号不完好。

(3) 提升设备不做拉力实验。

(4) 超警冲标停车。

(5) 绞车保安绳连接缺少绳卡子或未紧固。

(6) 运送超长、超宽、超重的物件没有采取特殊措施。

(7) 绞车拉过卷。

(8) 在主要运输大巷施工作业时不设警戒、无专人站岗。

(9) 架线分区开关损坏，不及时更换。

5. 地测防治水专业

(1) 采掘工作面未编制防排水设计或内容不全，采掘工作面爱谁系统不健全或排水能力不足或管理不善影响正常排水。

(2) 受水害威胁或影响的采掘工作面未进行水文地质条件超前探查和未采取有效的水害隐患治理措施；地质构造复杂的工作面，采掘前未采用井下物探等手段预查。

(3) 贯通通知单未按规定及时发放给有关部门。

(4) 重要测量工程未独立进行两次或两次以上观测和计算。

(5) 地质、水文地质勘查程度低，不符合有关规范、规定，重要的地质、水文地质勘查工程设计变更，未按规定办理变更手续。

(6) 井田范围内及周边区域水文地质条件不清而进行采掘作业。

(7) 贯通工程或测量标定未达到规定要求而造成较大经济损失或不良影响。

(8) 采煤工作面矿压观测不到位（顶板离层仪、顶底板移近量、应力监测等）。

(9) 探放水量未有效控制。

（10）中央泵房和中央变电所的防水门、配水闸阀不严密、不灵活。

（11）探放水或探地质构造打钻前，原施工单位迎头不封或封的不合格。

6. "一通三防" 专业

（1）各转载点不安设喷雾装置。

（2）隔爆袋（盆）无水。

（3）局部通风机通风进风口前 5 m 内有障碍物。

（4）井下煤仓、溜煤眼放空，造成风流短路。

（5）采煤工作面自停采之日起，45 天内未完成永久封闭。

（6）风筒传感器安装位置不符合规定。

（7）主要进回风巷之间的风门未设定反风风门（无压风门除外），其数量少于两道。

（8）不按规定检查永久密闭、临时密闭。

（9）综合防尘设施截止阀关闭。

（10）未按规定距离施工隔离垛。

（11）传感器表面积尘、浸水、进气口堵塞。

（12）沿空掘进未按规定喷浆或喷浆质量差。

（13）采煤工作面回风隅角未安设束管。

（14）采煤工作面月推进度小于 80 m 或过构造带时月推进度小于 60 m。

（15）工作面注浆管路不完好、不齐全。

（16）采空区未按规定预留注浆管路。

（17）压风自救系统管理不善，造成损坏或丢失。

（18）发放坏的瓦斯检测仪，或瓦斯检测仪不按照规定检验。

（19）自救器不按期检验。

（20）私自拆卸或损坏注水设备。

（21）防尘、喷浆不采取防护措施，造成传感器损坏或失效。

6.4　C 级安全生产隐患

1. 通用部分

（1）起吊设备起吊重物时，挂钩自锁机构失效。

（2）无故带载停机。

（3）翻车机前抱式阻车器填罐后未及时复位。

（4）没有与提升机司机及装载站联系清楚就发送提升信号。

（5）设备运行中出现异常情况不采取措施。

（6）物料拆垛、上垛未站在垛位两边安全距离。

（7）施工现场脚手架固定不牢。

（8）登梯作业梯子不稳固。

（9）生产用车辆车门没关好或门锁失效。

（10）配电箱、配电柜未上锁。

（11）闲置地锚外露，影响行人，未及时采取措施。

（12）损坏或私自挪用避险设施。

2. 采掘专业

（1）应挂顶梁的地方缺顶梁。

（2）十字顶梁铰接销连续 3 个打不到位。

（3）巷道施工坡度不符合作业规程要求。

（4）锚杆、锚索外露不符合规定。

（5）发现缺少支护不及时整改。

（6）各设备用水及各转载点未做到"停机必须停水"。

（7）U 型销子安装不到位。

（8）运输机连接环不合格。

（9）工作面没有备用支护材料。

（10）耙装机绳断丝超限未发现或继续使用，断绳后采用打结连接。

（11）乳化液泵站和液压系统不完好，有漏液、串液，油池内油质不合格。

（12）施工的地锚及起吊锚杆未做拉拔力试验。

（13）激光偏移未及时处理。

（14）爆破作业未做防崩坏立柱措施。

（15）使用运输机、转载机运送单体支柱无安全措施。

（16）泵站各种压力表、液压保护装置不完好。

（17）迎头截割时，空顶距超过措施规定值。

（18）两顺槽单体支柱初撑力达不到措施要求。

（19）掘进工作面使用的刮板输送机机头、机尾固定不牢靠。

（20）采用架棚支护的巷道，炮掘工作面在距迎头 10 m 内未采取防倒置。

（21）综掘机本体部连接螺栓连接出现松动现象。

（22）掘进施工中，锚索下滑或拉断，锚杆崩托盘或托盘被压翻、折腿断梁、支架变形、棚腿蹬出、背帮背顶松动等，没有及时采取加强支护措施。

（23）防冲区域内物料、设施固定不合格。

（24）运输机链条松紧不当或有硬伤。

（25）要求安装水质过滤器而没有安装。

（26）过桥固定不牢固。

（27）木垛不接顶或接顶不实。

（28）锚索施工滞后。

（29）冲击危险巷道迎头 150 m 范围内电缆、管线要悬挂未固定可靠。

（30）爆破前、后不冲尘。

（31）上下顺槽及工作面管路未分层吊挂，供水、压风每 50 m 未安装一个截止阀，排水管路在所有低洼点未安装三通，所有截止阀、三通角度不一致。

（32）采煤机各种操作手把、旋钮、按钮不齐全完整。

（33）混凝土试块强度不满足要求。

（34）锚杆与钻孔直径不匹配。

（35）料场未设在平整、宽敞的平巷里（特殊情况除外），影响安全行车、行人。

（36）冲击危险巷道迎头 150 m 范围内未将杂物清理干净，保持退路通畅。

（37）锚杆托盘不贴煤壁（岩面）。

（38）架棚巷道未按中腰线施工。

（39）油桶缺少防尘罩。

（40）拉完架子前后柱升起时不一致或前梁不一致低头。

3. 机电专业

（1）施工现场临时用电和配电箱未明确标识和警戒而进行施工。

（2）对存在设备应力、张力的故障停车，处理过程中未优先释放应力、张力。

（3）固定带式输送机机头、过桥处、溜煤嘴处、机尾等未设急停装置。

（4）提升绞车检修后不做过卷松绳保护试验。

（5）防火砂箱容量不足，砂子不满、颗粒不均匀、潮湿、结块。

（6）变电所、炸药库缺挡鼠板或挡鼠板不合格。

（7）输送带连接卡子不合格不及时处理。

（8）灭火器失效或不完好。

（9）提升机滚动罐耳损坏或者固定罐耳座松动。

（10）分配闸门滚轮损坏或者闸门运行不畅。

（11）定量装载装载闸门动作不灵活。

（12）大泵带故障运行。

（13）副井摇台动作不灵活。

（14）副井口阻车器动作不到位或者不可靠。

（15）自动运行设备不自保或者中间继电器损坏。

（16）定量装载设备、给煤机等衬板磨损超限。

（17）未按要求调整带式输送机张紧绞车。

4. 辅助运输专业

（1）轨道失修连续超过 20 m。

（2）道岔严重不合格。

（3）架空乘人装置托压绳轮歪斜。

（4）弯道报警器、声光报警器不完好。

（5）电机车撒砂装置不可靠。

（6）电机车砂箱无砂。

（7）车场存车掩车不合格。

（8）阻车器动作不灵敏。

（9）架空乘人装置急停闭锁线断。

（10）挡车装置不符合要求。

（11）轨道不按规定设置绝缘装置。

（12）绞车绳未按规定涂油。

（13）损坏的矿车，未及时检修就进入运转系统。

（14）电机车操作机构不灵敏。

5. 地测防治水专业

接力排水地点不合理，水泵不匹配，出现循环水现象。

6. "一通三防"专业

（1）损坏通风仪器、仪表。

（2）在用煤仓、溜煤眼上下口未按规定设置防火三通、管路。

（3）风门间距不符合措施规定。

（4）注浆作业损坏注浆设备。

（5）注浆作业导致灰仓溢灰。

（6）防火钻孔缺堵头。

（7）瓦斯检查牌板悬挂位置不当。

（8）氧气瓶和乙炔瓶使用完毕不及时升井。

（9）溜煤眼封闭不严漏风。

（10）掘进工作面风筒反压边。

（11）防尘水幕、各运输转载点喷头未达到完好标准。

（12）注浆作业发生堵塞、溃浆、跑浆现象。

（13）风筒脱节、拐弯处未设弯头或急拐弯、拐死弯，异径风筒接头未使用过渡，未先大后小，有花接。

（14）未按规定校验甲烷氧气检测报警仪、甲烷传感器。

（15）不按规定敷设防尘管路（包括阀门、三通、截止阀、防尘软管、水压表、水质过滤器等）。

（16）电缆穿墙孔未按规定封堵。

（17）喷雾喷头堵塞或雾化效果差。

（18）后部运输机浮煤多，影响通风。

（19）隔离垛的施工质量差。

（20）溜煤眼转载点未按要求进行封闭损坏监测束管。

（21）注水封孔不好、漏水卸压。

（22）对炸药、雷管的消耗量、剩余量、网络电阻，不认真填写统计。

（23）采煤工作面未按规定进行煤层注水。

6.5　D级安全生产隐患

1. 通用部分

（1）未进行安全排查的或未签字确认。

（2）消防器材的放置要根据场所的需要合理摆放，随意变动。

（3）现场停送电记录填写不规范。

（4）不按规定填写交接班记录或牌板。

（5）施工现场未按要求上报零工就进行施工或上报零工后现场未安排人员施工。

（6）巷道转弯处有人员逗留，或放置物料、设备。

（7）井下乱开压风口或完工后压风口处理不当造成跑风。

（8）地面湿滑未及时处理。

（9）生产报表数据填写不准确、错填、漏填。

（10）乱扔乱放润滑油、用过的棉纱、布头或纸等。

2. 采掘专业

（1）利用钻屑法监测后未对监测孔附近围岩巷帮进行冲尘。

（2）工作面及两顺槽使用腐朽道木。

（3）对损坏的顶梁、失效的支柱未及时处理。

（4）单体支柱打滑或失脚，活柱无行程或超高使用等现象不超过3棵。

（5）单体支柱受侧压时，不及时改支。

（6）工作面端头超前、滞后回单体支柱。

（7）超前支护使用一字顶梁时，铰接不符合规定。

（8）超前支护一字顶梁未接实顶板、保持平整、连接销未穿插到位。

（9）超前支护段未保证每个一字顶梁下有支柱。

（10）回撤支柱时未清理好退路，暂时不用的支柱未排放整齐。

（11）工作面单个顺槽巷道支架达不到初撑力，巷道支架歪斜超过5°。

（12）工作面液压支架伸缩梁、护帮板未及时使用到位。

（13）采煤机割煤时未及时移架。

（14）工作面煤帮出现片帮，且支架端面距超过作业规程规定。

（15）工作面单个液压支架的初撑力不符合规定。

（16）工作面相邻支架间存在挤架、咬架。

（17）工作面支架架间距超过200 mm。

（18）工作支架错茬超过规定。

（19）液压支架立柱的活柱行程未达到"大于200 mm，小于设计最大高度100 mm"，超低超高使用。

（20）两顺槽及料场的油脂存放点未按规定配备消防器材。

（21）采煤机行走装置不完好、错茬，齿排有缺失。

（22）采煤机割网。

（23）液压支架管路出现乳化液跑、冒、滴、漏现象未及时处理。

（24）拉完支架后，未及时伸出护帮板护帮。

（25）刮板输送机、转载机未达到刮板齐全、螺栓紧固。

（26）破碎机出料口未设有挡矸帘或缺失。

（27）设备拖运时，碰歪支柱或棚梁未及时恢复。

（28）靠近掘进工作面10 m内的支护，在截割前、爆破前未检查顶板支护情况。

（29）掘进迎头未配备检查伞檐的工器具。

（30）综掘机停止工作时，截割头未放置在底板上。

（31）作业现场使用的风钻、锚杆（钻）机及长料未放置稳固可靠。

（32）装岩机、钻车、综掘机前后照明灯不正常使用。

（33）掘进迎头未正确使用防护网或固定不牢。

（34）架棚支护时抗棚器隔棚未呈一条直线。

（35）架棚支护时背板、抗棚器、木楔等不齐全。

（36）钻车行走时，钻臂和推进器未及时收回至钻车轴线平行位置，未收回支腿以防钻车侧翻。

（37）在操作钻臂前，未检查支腿是否牢固。

（38）钻车的一个钻臂在外侧摆角位置，另一个在内侧摆角位置。

（39）综掘机、钻车、装岩铲车的跟机电缆未采取避免水淋、撞击、挤压和炮崩的保护措施。

（40）综掘机、钻车、装岩铲车的泵、马达、千斤顶、油缸、阀件等液压元件有泄漏及串油现象。

（41）综掘机耙爪出现严重磨损、运行不平稳、异常噪声等现象。

（42）综掘机各铰接和回转处转动不灵活，有卡阻现象。

（43）综掘机、钻车、装岩铲车的履带板张紧度不当，转动不灵活。

（44）综掘机伸缩部动作不正常。

（45）光面爆破的眼痕率低于措施要求。

（46）周边眼间距不符合作业规程要求。

（47）喷浆施工未按要求拉线施工。

（48）锚杆螺母扭距低于设计值。

（49）锚杆角度不符合作业规程要求。

（50）锚索预紧力不符合要求。

（51）锚索施工后未及时紧固。

（52）迎头积矸超过规定。

（53）综掘机各注油点不按规定定期加注。

（54）顺槽需要扩帮时，锚网质量不符合规范要求。

（55）大型配件的摆放不稳固可靠，未有可靠的防倒措施。

（56）带式输送机张紧系统不完好、动作不灵活、不可靠，压力表、传感器等指示不正确、动作不灵敏准确，液压管路不畅通，管接头和油缸密封性能差，有漏油现象。

（57）单体支柱的支设高度未大于其设计最小高度200 mm，未小于设计最大高度100 mm，超低超高使用，单体支柱液压阀的放液口朝向人行路。

（58）工作面支架、运输机、转载机、破碎机等设备出现缺（窜）销子、缺螺栓等固定不牢的现象。

（59）工作面未及时更换损坏严重的高压胶管（露钢丝超过200 mm）。

（60）支架顶梁与顶板未平行支设，其最大仰俯角大于7°。

（61）采煤机截齿不齐全，机身有杂物，有煤矸积存，托移装置不完好，电缆夹板不完好或有破皮、拧扣现象，螺栓、护板不齐全有变形现象，机身电缆管路未理顺。

（62）采煤机滚筒上缠有金属网、锚杆等其他杂物时，未及时处理。

（63）液压钻车、铲车（综掘机）各种连接销轴、挡板不齐全、松动。

（64）液压钻车、铲车（综掘机）油箱的油温超高。

（65）液压钻车、铲车（综掘机）工作机构液压系统的压力值超过规定。

（66）输送带毛边线多。

（67）工作面顶板出现台阶下沉，顶底板切割不平直，采煤工作面支架前梁接顶不严实。

（68）液压支架各部位固定销子、挡环、开口销不齐全、未穿插到位。

（69）工作面控顶范围内，顶底板移近量按采高＞100 mm/m。

（70）在推拉前后部运输机时，未按顺序进行，相向操作，推运输机时未按规程操作，弯曲长度超过规程规定。

（71）工作面防尘洒水管路使用后未盘好，截止阀未关严，有长流水。

（72）巷道围岩未及时维护、裸露时间超过工作循环。

（73）锚喷巷道灰砂配比不合理。

（74）混凝土施工水灰比不符合要求。

（75）混凝土施工混凝土配比不符合要求。

（76）锚喷巷道喷厚达不到要求。

（77）掘进施工地点"五图一表"及各岗位牌板不齐全。

（78）采煤工作面架间喷雾雾化未达到完好标准。

3. 机电专业

（1）机房、机电硐室、固定岗位设备未按规定进行巡回检查。

（2）机房、机电硐室、固定岗位不按规定填写记录。

（3）带式输送机托辊损坏、缺少。

（4）输送带跑偏、H架歪斜未及时处理。

（5）带式输送机的各类清扫器未正常使用。

（6）输送带接头卡子撕裂超过200mm不及时处理。

（7）输送带运输岗点用水清理卫生。

（8）各种动力电缆、监控、通信、信号、照明电缆淹没在水中。

（9）电缆不吊挂落地。

（10）电缆吊挂缺少电缆钩。

（11）用铁丝吊挂电缆。

（12）喷浆时未采用有效措施对有关设备、电缆和管线进行保护。

（13）小型电器吊挂安装不合格。

（14）各种管线的敷设不整齐。

（15）井下备用电气设备不完好。

（16）刮板输送机埋住机头、电机。

（17）压埋机电设备或电缆。

（18）井下设备使用铁丝吊挂固定。

（19）带式输送机运行时无煤开喷雾水。

（20）带式输送机巷内杂物未及时清运。

（21）提升机滚动罐耳间隙不在 10 ~ 15 mm 内。

（22）给煤机挡煤皮磨小，造成洒煤。

（23）输送带清扫器清扫效果差或者不起作用。

（24）沉淀池或者水仓入口有杂物堵塞。

（25）气动系统油雾器内缺少润滑油。

（26）卸载捕爪器滚轮损坏。

（27）位置开关或者传感器损坏。

（28）固定场所管线未按照标准吊挂。

（29）机械设备外壳锈蚀。

（30）溜煤眼上口未配齐安全带、大锤。

（31）所有高压连接器和接线盒无防水、防潮保护。

4. 辅助运输专业

（1）罐笼及井口附近有矸石、杂物。

（2）挤压道岔过车；车场存放车辆越位停车。

（3）矿车轮对缺少端盖或螺丝。

（4）鱼尾夹板螺丝松动，夹板变形。

（5）推车机钢丝绳锈蚀，加油不及时。

（6）推车机导向轮转动不灵活。

（7）各地点车辆长期积压，影响矿井车辆周转。

（8）在主要运输线路的非存车段存放车辆。

（9）从井下升井的车辆，未及时组织人员卸车，压车时间超过 2 天。

（10）斜巷上下车场、风动挡梁处及绞车房内，未有足够的照明。

（11）斜巷提升后控制开关未停电闭锁。

（12）斜巷绞车停用时，未将钢丝绳缠入滚筒内，停车闭锁。

（13）斜巷上下车场信号硐室和绞车房内未按规定悬挂各种牌板。

（14）主要运输线路接头应在直线段对接，相对错距大于 50 mm。

（15）单轨中心线偏差大于设计值的 ±50 mm。

（16）双轨中心间距小于设计要求，大于设计值 20 mm。

（17）双轨的中心位置与设计值的偏移大于 50 mm。

（18）轨道存在空板、吊板，轨枕失效现象。

（19）同一线路存在杂拌道（异型轨道长度小于 50 m）。

（20）道岔轨型低于该线路轨型。

（21）物料两端头超出平板车时不按要求使用输送带进行包裹保护。

（22）井下设备材料封车时在封车器及封车链条与设备材料之间未增加废旧

输送带进行间隔保护。

（23）井下设备材料装运时所装运设备材料类别不一致，不同材料混装。

（24）下井的矿车、平板车车体明显变形，插销、碰头不完好，轴头盖不齐全。

5. 地测防治水专业

（1）在用水泵吸水口有淤泥。

（2）放水期间，使用水箱集水，未将电泵在水箱内排水。

（3）进巷道的备用泵距迎头距离超 200 m，备用泵、供电开关、连接件（泵口短接、逆止阀、三通、阀门等））不齐全、不完好。

（4）沿空掘进巷道探放水时，有水放水孔未及时疏通，随意关闭放水孔；无水钻孔未封孔及封孔深度小于设计要求。

（5）排水泵和供电开关未进行编号管理。

（6）不同管径的排水管路混用；排水管管径小于水泵出口孔径；排水点三通不标准。

6. "一通三防"专业

（1）未按规定对井下供风地点进行测风。

（2）喷浆后未及时恢复风筒。

（3）风筒不按标准吊挂。

（4）通防设施不按规定安设、检查。

（5）通防设施损坏后未及时修复。

（6）不按规定检查和维护防尘管路（包括阀门、三通、截止阀、防尘软管、水压表、水质过滤器等）。

（7）隔爆水槽（水袋）水量不足或损坏后不及时更换。

（8）采煤机内外喷雾、架前（架间、架后）喷雾、转载点喷雾、风流净化水幕、综掘机外喷雾、耙装喷雾、爆破喷雾等不能正常使用。

（9）钻机施工时钻杆、钻头、道木、压杆等钻具摆放不整齐。

（10）钻机固定不符合要求。

（11）进回风巷之间的通道、泄水孔或与采空区相连通的钻孔等封堵不及时、封堵质量差。

（12）调节风门、调节风窗的安装位置不符合要求。

（13）采掘工作面隔爆水槽（袋）吊挂不符合要求。

（14）密闭前周边未掏好槽，未抹有不少于 0.1 m 的裙边。

（15）风门未设置管理牌板。

（16）巷道不按规定要求定期洒水降尘。

（17）沿空侧钻孔封堵不严密。

（18）综合防尘设施设计、安装不规范。

6.6　E级安全生产隐患

1. 通用部分

（1）现场各类牌板的填写不规范，不填写或填写内容与现场实际不相符。

（2）物料与牌板名称、规格等不相符，填写不准确、不清晰。

（3）油脂库未悬挂管理制度、油脂工岗位责任制，未明确油脂管理责任人。

（4）在联络巷、上下车场内存放物料。

（5）物料存放未设永久料场或临时料场，未分类挂牌码放整齐，未标出物料名称及规格，未达到规范化管理标准。

（6）暂不能回收上井的物料、配件、设备未分类码放在料场内，物料、设备、配件未运到指定地点码放整齐。

（7）运送物料时沿途丢失，未运到指定地点随意卸车。

（8）定置牌板不符合要求、未分区分类集中放置、未明确料场管理责任人。

（9）料场未分类码放、未标注规格型号、放置不稳固、配件未采取防腐措施、管路接口无堵头、电气设备无防水防潮保护。

（10）同类、同规格的物料未集中存放，存放超过2垛，每垛物料高度超过1.5 m。

（11）同规格不同长度的物料未一头齐，误差超过50 mm；散装物料要未入箱（袋）。

（12）料场外存放物料、配件。

（13）标识牌和牌板不齐全、完好。

（14）料场物料标志牌高度不统一，吊挂不规范，标志牌不干净整洁。

（15）作业场所有积水、淤泥、零散杂物、白色垃圾。

（16）升井时不走清洗池冲洗胶靴。

（17）在大巷内随意乱丢弃垃圾。

（18）在大巷内随意乱放乱挂衣服、背包、工具。

（19）现场锚杆拉拔检测记录、锚杆锚索截锯记录、施工记录等填写不规范清晰。

（20）水沟淤积不畅通，底板上有淤泥积水，水沟盖板活动不实或缺盖板、未盖严、不稳固。

（21）管路、轨道、带式输送机架、线缆、风筒等设备设施表面脏污。

（22）顶板过路管线布置不整齐、固定不牢固，底板过路管线未埋入底板下或打设沟槽，管路安设水沟里面影响排水。

（23）巷道底板上浮煤浮矸未清到实底，掩埋轨线带式输送机 H 架腿；耙装机或承载段下浮煤浮矸未及清理。

（24）采掘巷道内固定防尘水幕下面未打设地坪和引水沟，地坪和引水沟打设质量差，水幕下面有淤泥积水。

（25）施工地坪未预留管线沟槽或把管线埋入混凝土内。

（26）架空乘人装置吊椅无编号、抱索器销子无开口销。

（27）架空线横拉线断、瓷瓶坏、用铁丝吊挂瓷瓶。

（28）现场存放的各类气缸、油缸、千斤顶、胶管、风锤、钻机、风扳机、风镐等未堵口。

（29）压风自救阀和供水自救阀缺管理牌板或管理牌板填写错误。

（30）压风自救阀和供水自救阀缺手柄。

（31）装运水泥的矿车未加防尘罩，矸石车装大块矸石、杂物和垃圾，矸石未摊平高出矿车边缘。

（32）油桶上未注明牌号、油种，表面不清洁、有污垢。

（33）垃圾箱外溢不及时回收。

2. 采掘专业

（1）采煤工作面安全牌板、管理责任制牌板及各类警示牌、标志牌吊挂不整齐卫生不清洁，所填写内容与工作面存在问题不相符。

（2）照明灯未沿巷道中间呈一条线，照明灯未垂直巷道安设，照明灯不齐全、不清洁。

（3）工作面集水池未设排水点标志牌，未进行编号管理。

（4）集水池未加盖板或护栏，上方未留放泵口，开关未上架，摆放不整齐，无防水、防潮保护。

（5）水泵未吊挂在顶板专用起吊环上，备用水泵及在用水泵未张贴绝缘值标示牌。

（6）上下顺槽未保持清洁卫生，有直径大于 30 mm 的矸石或煤块；巷道有积水（深不超过 200 mm、长不超过 5 m）淤泥，有垃圾、杂物。

（7）上下顺槽需要卧底时，两帮底脚未切齐，底板未顺平有台阶，浮煤矸未清理干净。

（8）采煤工作面料场未实行分区、划线、挂牌上架、定置管理方式，物料未靠帮存放。

（9）料场未悬挂定置管理牌，未明确责任人。

（10）各种物料未分类、集中、码放整齐，长短不一，未做到一头齐（包括回撤物料），设备配件未上架。

（11）物料标识牌未拉线吊挂整齐，填写内容与实际不相符。

（12）对所摆放配件未做妥善保护，转动部位未涂抹黄油、管路接口无完好堵头、电气设备无防水、防潮保护。

（13）物料回收区未安设锚杆回收箱、小件回收箱，回收的单体、管路未上架做到一头齐；回收区物料在工作面回收前未清理，有垃圾、煤泥等杂物。

（14）料场卫生形象未做到动态保持，路面不平整；因动用设备造成其他配件散乱的，未及时重新摆放、整理。

（15）油桶在油库中未分类放置，桶上未有明显标记，未注明牌号、油种，标志牌未排成一条直线，油桶表面不清洁、有污垢，所有油桶未使用整洁、统一的油桶罩罩其顶部，油桶未平行于巷道呈一直线。

（16）油抽子、手动注油泵未专用，用完后未盖好防尘罩或未存放在特制的箱内，落上灰尘。

（17）风水管路有漏风、漏水现象。

（18）使用皮带梯吊挂管路时，皮带梯未直接固定到锚杆上；吊挂后未做到管路与巷道底板平行，不齐直成线，所有螺栓未加垫拧紧。

（19）上下顺槽电缆未分类悬挂整齐，未从上至下依次布置低压电缆、高压电缆，余量未余至末端，造成电缆打结。

（20）低压接线盒未采用矿统一加工的固定板，未用塑皮钢丝绳配合绳卡平直吊挂在锚杆或钢筋梯上，高压连接器未使用塑皮钢丝绳配合绳卡平直吊挂在锚杆上，高压连接器和低压接线盒未高于本电缆 100 mm 以上吊挂。

（21）采煤工作面电站设备不清洁，有浮渣，设备不完好，电站前、后电缆车上放置其他备件。

（22）工作面各种记录未及时填写，字迹不清晰，内容不真实。

（23）电站列车不干净整洁，有污渍，随意踩踏车盘，踩踏后未及时清理卫生。

（24）电站里侧胶管未用专用管钩吊挂整齐，有拖地现象。

（25）电站列车上及列车之间的电缆未使用绝缘皮子包扎好，与列车直接接触。

（26）备件车上的备品备件未按要求分类摆放整齐，未贴标志牌。

（27）使用绞车后未及时将绞车绳盘好，未及时填写绞车管理牌板。

（28）绞车外表有污渍，底座内有杂物，牌板卫生不整洁，吊挂不整齐。

（29）运送材料、设备等使用的顺槽铁路，轨枕间距不符合设计要求，铺设不平整、道岔捣固不坚实、有悬空现象，托绳轮转动不灵活，构件不齐全。

（30）机电设备硐室不整洁，照明灯不完好，开关未上架。

（31）泵箱及周围不清洁卫生，设备表面有油污、粉尘或煤尘，油箱、液箱、水箱开盖使用有粉尘杂物进入。

（32）向工作面供液无高压过滤器，或运行不正常；泵站液箱、水箱过滤器未定期清洗，不完好有堵塞。

（33）乳化油未统一管理，油桶未排列成直线，油桶表面不清洁、有污垢，所有油桶使用不整洁、油桶罩不齐全。

（34）运输顺槽底输送带下浮煤淤泥未及时清理干净，托辊架上有帆线，管线及输送带框架有积尘、煤泥。

（35）工作面带式输送机机架不完好，框架不齐直，编码牌不齐全、不清洁、吊挂不整齐，清扫器不完好。

（36）带式输送机运转、检修、停送电等记录填写不规范齐全。

（37）带式输送机行人处未悬挂行人指示牌。

（38）带式输送机机头及联络巷内的配件及待回收物料未分类摆放整齐，未挂脚管理。

（39）拆除的输送带框架、风水管路等物料因故不能运走，未靠帮码放在转载机头 10 m 以外，未摆放整齐。

（40）单体支柱支设角度不符合要求，未打成直线，偏差超过 ±100 mm。

（41）两端头使用超前支架支护时拉移不齐直，超前支架未进行编号管理，管线吊挂不整齐、有浮煤积尘。

（42）单体液压支柱未全部进行编号管理，牌号不清晰。

（43）采煤工作面支架脚踏板上，浮煤未随时清理干净，架前架间有积煤。

（44）采煤工作面支架、操作阀、立柱、设备等有积尘。

（45）支架编码牌不统一、不齐全，吊挂不整齐、不清洁。

（46）压力表不完好、吊挂不牢固，显示数值未朝向人行侧。

（47）工作面支架管路多通块固定不牢固，管路敷设不整齐，新旧液压配件防尘帽（套）不齐全。

（48）支架安全阀防尘套不齐全。

（49）工作面备用胶管码放不整齐，堵头不齐全。

（50）支架未排成一条直线，其偏差超过 ±50 m，中心距按作业规程要求（偏差超过 ±100 mm）。

（51）工作面运输机、电机和减速机冷却管路不齐全畅通，布置不合理，冷却水进入煤流系统。

（52）转载机机身有杂物，动力部周围有煤粉等杂物覆盖，上方有淋水。

（53）管路电缆吊挂不整齐，有挤压、埋砸现象；各油缸、千斤顶动作不灵活可靠，各操作手把位置不正确，动作不可靠。

（54）破碎机零部件不齐全；破碎机锤体转动不灵活，刀体有脱落，注油装置不齐全完好，润滑不良好；锤头固定不牢固，磨损超限。

（55）各冷却水路不齐全畅通，截止阀不齐全不灵活，管接头搭接不牢固，密封处性能差，有漏水现象。

（56）电缆拖移装置不完好，电缆槽内管路、电缆排放不整齐，有挤压、有浮煤浮矸，防护皮带不齐全有脱节。

（57）采煤机各部油质不符合要求，有漏油、渗油现象。

（58）移架推拉前后部运输机时，推拉不到位。

（59）采煤工作面上下端头及煤流系统，未及时采取措施防止大块矸石进入转载机。

（60）采面维修工维修设备清扫卫生时，将棉纱、废料杂物等丢入煤流系统中，废油未回收。

（61）采煤机及各转载点运输设备停机未及时停水。

（62）打注专用起吊锚杆做单轨吊梁吊挂点时，顶眼未在一条直线上，偏差超过 ±50 mm。

（63）回收的液压件未包装上井，各种立柱、千斤顶活塞杆未缩回缸体。

（64）综机配件的使用，乱丢、乱放造成配件的浪费，使用新高压胶管捆绑吊挂电缆管路。

（65）擅自将更换下的配件丢弃、丢入采空区。

（66）工作面存放的液压配件、高压液压胶管的管接头未堵口未采取防锈措施。

（67）工作面停采铺设单层金属网时，不符合金属网长边对接、短边搭接 0.2 m，双层金属网成鱼鳞状重叠搭接，长边压半片网对接，短边搭接 0.2 m，搭接网边用 12 号铁丝隔扣相连，每扣拧 2～3 圈的要求；双层金属网出现单层网点，未及时补联，两端头顶网未延伸到巷道 1.0 m 左右，未与巷道顶网连接。

（68）敷设钢丝绳时，未将其与工作面底板保持平行连接在双层金属网上，每扣间隔 0.5 m，绳距误差不在 ±0.1 m。

（69）钢丝绳未从一头向另一头拉紧取直敷设，或从中间向两端用连网丝将其连到金属网上，未有 4～5 m 的余量，钢丝绳头未固定到巷道顶网或非面侧帮网上。

（70）设备撤除期间小配件有丢失，浮煤矸现场未清理干净。

（71）设备野蛮拆卸，齿轮等结合部位未加防尘保护。

（72）前、后运输机及支架间的浮煤未清理干净，未为设备撤除造好条件。

（73）在大巷内冲洗设备上的浮煤矸，造成巷道污染。

（74）支架管路及液压部件拆开后未及时堵口防尘。

（75）岩石巷道周边超挖值超过 200 mm，前后两茬炮的衔接错台尺寸大于 100 mm。

（76）锚喷巷道喷浆前未冲刷岩面。

（77）锚喷巷道喷浆前未及时处理锚网失效。

（78）锚喷巷道喷层不均匀，有裂缝、脱顶、穿裙、失脚。

（79）混凝土施工未使用振动棒。

（80）混凝土施工振动棒不完好而进行施工作业。

（81）铺底厚度不符合要求。

（82）铺底表面平整度不符合要求。

（83）锚喷巷道表面平整度超限（1 m 弦量大于 50 mm）。

（84）锚喷巷道表面平整度超限未处理。

（85）锚喷巷道未按规定洒水养护。

（86）锚喷巷道喷体基础深度不够。

（87）锚喷巷道喷浆前外露物未处理。

（88）锚喷巷道初喷露网。

（89）混凝土施工未按规定预留试块。

（90）混凝土施工预留试块组数不符合要求。

（91）混凝土试块不按规定要求时间送交。

（92）耙装机后成巷段有外露锚杆或其他金属物。

（93）浆后回弹料未及时清理。

（94）锚杆托盘及网后冲填煤矸石等杂物。

（95）喷浆有二合顶、二合帮未及时处理。

（96）掘进巷道有积水的低注点未施工标准集水池。

（97）集水池规格不符合要求。

（98）集水池混凝土砌筑、壁厚等不符合要求。

（99）集水池上沿与措施要求不相符。

（100）集水池上方未铺盖盖板或盖板不符合要求。

（101）集水池未挂牌标识。

（102）集水池标识牌样式不符合规定。

（103）集水池标识牌填写不符合规定。

（104）水沟未按中腰线施工。

（105）水沟内外沿宽度不一致。

（106）水沟施工尺寸不符合要求。

（107）水沟目测不平直。

（108）水沟距离迎头超过规定。

（109）水沟标高不符合要求。

（110）水沟铺底厚度不符合要求。

（111）水沟内杂物、淤泥未及时清理。

（112）水沟盖板不齐全。

（113）水沟盖板损坏，更换不及时。

（114）水沟盖板规格不符合要求。

（115）管路吊挂高度不符合要求。

（116）管路吊挂方式不符合要求。

（117）管路吊挂固定未按要求施工。

（118）各种管路未按规定顺序吊挂。

（119）吊挂的每道管路间距不符合要求。

（120）管路预留三通间距大于规定。

（121）管路安装过滤器未及时清理。

（122）排水管路低洼点未预留排水三通。

（123）吊挂管路的锚杆间距不符合要求。

（124）吊挂管路的锚杆外露长度不符合要求。

（125）吊挂管路的锚杆规格不符合要求。

（126）临时管路未及时更换永久过路。

（127）托管梁间距不符合要求。

（128）托管梁固定方式不符合要求。

（129）托管梁 U 槽方向不一致。

（130）托管梁高度不符合要求。

（131）托管梁安装不水平。

（132）托管梁外露长度不一致。

（133）托管梁安装深度不符合要求。

（134）固定管路的 U 卡不符合要求。

（135）U 卡螺母固定不符合要求。

（136）电缆钩间距不符合要求。

（137）电缆钩固定未按规定拉线。

（138）电缆钩规格不符合要求。

（139）电缆钩吊挂高度不符合要求。

（140）电缆在电缆钩上吊挂位置不一致，有打绞现象。

（141）电缆吊挂顺序不符合要求。

（142）铝塑电缆钩第一钩固定不符合要求。

（143）电缆垂度不符合规定。

（144）树脂锚杆施工未按要求吹孔。

（145）同种规格不同长度的锚杆未按要求标记区分。

（146）锚杆未打入钢筋梯孔。

（147）锚杆托盘未垂直压牢钢筋梯。

（148）锚杆托盘安装在金属网里面。

（149）锚网距离底板超过规定要求。

（150）金属网搭接小于措施规定。

（151）金属网绑扎间距大于措施要求。

（152）矸石崩坏而未及时补金属网。

（153）帮网向上卷，前后两片金属网上下错茬大于 100 mm。

（154）连网的铁丝不符合要求。

（155）金属网不贴煤岩面。

（156）网兜未及时处理。

（157）钢筋梯、钢带人为截断使用。

（158）钢筋梯、钢带变形使用。

（159）钢筋梯未对孔搭接。

（160）钢筋梯、钢带压在金属网与岩面（煤壁）之间。

（161）不同长度的锚索未按要求标记区分。

（162）架棚柱窝深度不符合要求。

（163）架棚巷道牙口垫板规格不符合要求。

（164）架棚巷道牙口垫板不正确使用。

（165）架棚巷道接顶不实。

（166）架棚巷道木楔未正确使用。

（167）架棚巷道支架梁水平超限。

（168）架棚巷道支架梁扭矩超限。

（169）架棚巷道棚梁接口离合错位。

（170）架棚巷道立柱斜度超过规定。

（171）可缩性支架搭接长度不符合要求。

（172）可缩性支架卡缆螺母扭矩不够。

（173）可缩性支架卡缆及附件不能互换。

（174）可缩性支架卡缆间距不符合规定。

（175）巷道因人为因素超（欠）挖超过合格最大允许偏差值 200 mm 以上。

（176）综掘巷道两底脚未割齐直。

（177）各种材料未集中分类存放。

（178）材料未进行挂牌管理。

（179）材料码放不整齐。

（180）材料未及时上架。

（181）材料物牌不符。

（182）散装物料未入箱（袋）。

（183）油脂存放区未悬挂管理制度。

（184）料场无定置牌板。

（185）料场定置牌板无明确管理责任人。

（186）料场各种标志牌填写内容不全。

（187）料场有垃圾杂物。

（188）料场物料高度超过规定。

（189）料场牌板不干净有灰尘。

（190）喷浆机及电气设备周围在作业后未及时清扫干净。

（191）刮板输送机刮板螺栓未及时紧固。

（192）刮板输送机刮板弯曲未及时更换。

（193）刮板输送机挡煤板未及时安装。

（194）刮板输送机两侧浮煤未及时清理。

（195）掘进工作面使用的刮板输送机，铺设未达到平、稳、直、构件齐全。

（196）综掘机机载刮板输送机刮板不齐全。

（197）机尾护罩变形。

（198）掘进工作面隔爆水槽（袋）未标号管理。

（199）掘进工作面隔爆水槽（袋）标号管理与实际不符。

（200）掘进工作面水压表等不完好。

（201）掘进工作面水压表等距迎头超限。

（202）掘进工作面管路上未安设水压表。

（203）进工作面风筒吊挂不平直。

（204）掘进工作面风筒缺编号。

（205）带式输送机铺设不平直。

（206）带式输送机边梁不平。

（207）带式输送机边梁固定销安设不符合要求。

（208）带式输送机缓冲托辊不完好。

（209）带式输送机缓冲托辊不齐全。

（210）带式输送机加高腿不符合要求。

（211）"五图一表"施工牌板内容不准确、字迹不清晰。

（212）"五图一表"施工牌板处无照明。

（213）"五图一表"施工牌板有灰尘，表面不干净。

（214）"五图一表"施工牌板吊挂不符合要求。

（215）巷道内杂物、淤泥、积水（淤泥、积水长度不超过3 m，深度不超过0.1 m）未及时处理。

（216）巷道底板不平整，有大块矸石煤块。

（217）煤巷掘进煤流系统有混入杂物。

（218）迎头左右、上下方向切割不平直，有明显错台。

（219）巷道切割目顺不平整或两端头偏差超过300 mm。

（220）标识牌吊挂位置不符合要求。

（221）激光光斑直径超过规定。

（222）腰线至迎头距离不符合规定。

（223）液压钻车、铲车机身（综掘机机身）有煤岩粉、杂物。

（224）液压钻车、铲车（综掘机）各种管路、油路有漏液漏水现象。

（225）液压钻车、铲车、（综掘机）各种检测压力仪表不齐全完好。

（226）液压钻车、铲车、（综掘机）油位不符合要求的（观察油箱的油位线是否超过游标尺2/3）。

3. 机电专业

（1）机房、机电硐室、固定岗位记录本缺页。

（2）机房、机电硐室、固定岗位记录错误。

（3）井下有人值守的机电硐室锁门。

（4）输送带防跑偏感应杆弯曲变形、歪斜。

（5）带式输送机机头、机尾护罩防护网没有边框。

（6）带式输送机机头、机尾有浮煤、矸石、杂物。

4. 辅助运输专业

（1）轨枕间距不符合设计要求。

（2）轨枕铺设不平整，歪斜，道碴捣固不坚实，有悬空现象。

（3）轨道接头内错差及高低差、轨缝、水平不符合要求。

（4）斜巷变坡点铺设轨道，采用对接方式，不符合要求。

（5）斜巷的托绳轮，未按规定配备齐全，固定不牢固转动不灵活，未及时维护更换。

（6）架空线横拉线、绝缘子、吊线器损坏。

（7）矿车连接器、车体变形。

（8）架空线用铁丝吊挂绝缘子。

（9）岔位显示器不转换或不显示。

（10）道岔的各种拉杆零件不齐全，连接牢固动作不灵敏可靠，尖轨未密贴，间隙不符合要求。

（11）电机车车体、驾驶室内、人车未保持清洁、有杂物。

（12）主要运输巷道内装设路标和警冲标未保持完好。

（13）斜巷绞车道地滚运转不灵活，绳磨道板。

（14）上车场变坡点装设的大地滚，直径小于 250 mm，长度小于 200～250 mm，轴径小于 40 mm。

（15）绞车硐室（或安装地点）未挂有司机岗位责任制操作规程和绞车管理牌板。

（16）管理牌板字体不工整，板面不清洁，有破损。

（17）绞车安装地点、摘挂钩地点、车场及主要斜巷的照明灯，累计 3 盏及以上照明损坏。

（18）斜巷信号工、把钩工每次摘挂钩未仔细检查钢丝绳及钩头变形、断丝超限、信号。

（19）上下井的物料矿车未写清运送地点、使用单位和时间。

（20）临时不用的绞车，使用单位未将钢丝绳全部缠在滚筒上，未挂"停止使用"牌。

（21）对升井的车辆，井口把钩工未仔细检查。

（22）矿车底的清挖工作，未做到班班检查、及时清理。

（23）施工单位在矿车内拌料、调和水泥，造成水泥凝固车底。

（24）料车、设备车升井后，责任单位未及时卸车并分类摆放整齐。

5．"一通三防"专业

（1）风筒接头不严密。

（2）掘进工作面风筒落地、吊挂不好。

（3）密闭墙面不平整（1 m 内凸凹不大于 10 mm，料勾缝除外）、有裂缝、重缝和空缝。

（4）随着回采面的推进，注浆管路（除预埋管外）未及时回收。

（5）自救器保护套损坏。

（6）设备、管线上浮尘多。

7   煤矿职工积分制考核管理制度

兴隆庄煤矿通过对制止职工现场工作中出现的不安全行为进行积分，将复杂的、无形的管理转化为数学方法，及时、准确、全面地查处现场存在的行为隐患，同时根据积分排名情况进行奖励或处罚。通过奖罚制度的制定和落实加强员工安全生产的责任心。

7.1   积分制管理概述

7.1.1   积分制管理的含义

积分制管理是一种全新的管理方法，它的核心内容是以积分来评估人对企业的价值。简单地说，就是用积分（奖分和扣分）对人的能力和综合表现进行全方位量化考核，并用软件记录和永久性使用。具体来说，积分制管理是指把积分制度用于对人的管理，通过奖分和扣分的方式对员工的素质能力和业绩表现进行360°量化评估，以积分来衡量人的自我价值，反映和考核人的综合表现，然后再把各种物资待遇、福利与积分挂钩，并向高分人群倾斜，积分高的员工可以得到更多的福利待遇和晋升发展机会，从而激励人的主观能动性，充分调动人的积极性。

积分制管理是一种颠覆传统绩效模式，赋予考核文化属性的员工激活系统。积分制管理与传统管理有很大的区别，它简化了管理工作，简单且效果好。积分管理就是企业在绩效管理的基础上，对员工的个人能力、工作和行为通过用奖分和扣分的形式进行全方位的量化考核，并与奖金池关联，从而最大化地调动员工的积极性。

煤矿企业中的安全行为隐患积分其本质是对员工现场工作不安全行为的积分，积分的多少反映了员工的安全状态。积分制管理能够使企业产生一种强大的向心力和凝聚力，使员工在积分的文化氛围中，通过切身的心理感受，产生对工作的自豪感和使命感，以及对企业的认同感与归属感，最终使员工将自己的思想、情感、行为与企业的经营联系在一起。

7.1.2   积分制管理的意义

积分制管理通过设置科学的积分指标，能量化评估员工的业绩表现，体现员工在企业中的价值差异。通过积分制管理，可以培养员工良好的行为习惯，养成为公司发展出谋划策、尽心尽力的思维模式，从而实现员工和企业的共同发展。企业实行积分制管理的具体意义如下：

1. 帮助企业建立健康的企业文化

公司不论大小都要有建立企业文化的理念。真正的企业文化一定要把员工的行为变成习惯，而积分制管理可以把员工的行为与积分挂钩，员工好的行为就用奖分进行认可，员工的不良行为就用扣分进行约束。因此，积分制管理非常有利于建立健康的企业文化。

2. 解决分配上的平均主义

积分制管理的积分代表一个人的综合表现，奖金都与积分名次挂钩，人人都有的不平均发，少数人有的可以放在台上公开发，彻底解决了分配上的平均主义问题。

3. 节省管理成本

积分制管理把原来平均分配的福利待遇转为与积分名次挂钩，由于拉开了差距，激励效果成倍增加，相当于节省了成本。

4. 有利于留住人才

员工的积分越高，得到的好处就会越多，积分越高的人就越不愿意离开公司，解决了留人才的筹码问题，从而解决了高工资、高奖金留不住人才的老大难问题。

5. 解决日常管理中的各种难题

积分制管理在企业的管理之中可以无限延伸、无限细化。例如把积分与质量管理挂钩，可以解决质量管理体系中的各种问题，快速提升产品质量。

6. 增加了制度的执行力

实行积分制管理以后，员工的各种违规行为都会被扣分，使员工能够接收到处罚的信号且各种违规行为都可以处理，大大增加了制度的执行力。

7. 容易实施落地

管理培训非常之多，许多管理方法理论性极强，听起来热血沸腾，回到公司却很难操作实施，没法实施落地。而积分制管理这套方法非常容易实施，并且时间越长，员工的积分越高，效果会越好。

8. 公司规模大小都可以使用

积分制管理这一方法不受企业规模大小的限制。三个人以上的公司可以通过积分排出名次，几千人、上万人的公司也可以分部门、分车间进行考核。小公司用这套方法把公司做大，大公司用这套方法不断完善内部管理，把企业做强。

综上所述，对员工能力素质和综合表现进行全方位积分制量化考核取代传统的主观评价，结果更加客观、透明，令员工信服，能够将企业真正能力突出、业绩优异的员工评选出来，根据能力大小、业绩结果，实施有针对性的激励措施，能将好钢用在刀刃上，实现激励效果的最大化。在制度设计上，将员工的积分与企业薪酬分配、岗位晋升、推优评先等紧密挂钩，能产生强烈的激励作用。

7.2 基于积分制管理的职工行为隐患积分累积方法

兴隆庄煤矿实行安全行为隐患积分制的目的在于建立一套从源头上抓安全，各级管理人员主动抓安全，全体职工相互保安全，自主保安全的机制。同时安全行为隐患积分制的主要作用就是把复杂的、无形的管理转化为简单的数字，走从复杂管理到简单管理的路子。安全管理积分制方案的积极因素是各级管理人员人人被考核，人人参与考核，全体职工自我约束、自我加压、自主管理。

7.2.1 行为隐患积分制的基本框架

为有效管控职工的现场作业行为，帮助员工实现有效的安全行为改善，遏止行为隐患的发生，保障行为隐患积分制管理方案的顺利实施，兴隆庄煤矿成立以矿长、党委书记为组长，副总及以上领导为成员的领导小组，领导小组下设办公室，办公室设在安全监察处，安监处长任办公室主任，具体负责矿井职工行为隐患制度的制定、宣贯、实施、监督、考核、评比等事项。

通过实行逐级安全网络式管理，充分调动安全管理人员的工作积极性，做到及时、全面、准确地查处现场存在的各种问题和隐患，将现场隐患降低到最低程度，为安全生产创造良好环境。矿工行为隐患积分累积方法的实现途径如图 7 - 1 所示。

通过建立健全安全监督管理机构，明确各级管理人员的职责、工作程序和层次关系，建立起科学、严谨、立体的安全监督监控管理网络，形成各级安全管理人员依法办事、按章操作的管理机制，使生产的全过程始终置于安全管理机构的监控之下，从而将现场生产过程中物的不安全状态和人的不安全因素及时准确地反映和处理，再

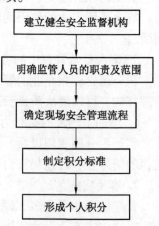

图 7 - 1 兴隆庄煤矿矿工行为隐患积分累积方法的实现途径

对现场问题的查处内容按一定的比例全部量化成安全积分，制定出阶段性的安全积分指标，最终形成可操作的体系。

7.2.2 行为隐患积分标准

行为隐患即"三违"，是指违章指挥、违章作业、违反劳动纪律等违章、违规行为。兴隆庄煤矿根据不同的行为隐患等级，对职工的行为隐患实行积分制管

理。职工行为隐患积分等级分为 A、B、C、D、E 五个等级，根据行为隐患可能产生的后果、违章人意图和情节轻重以及《兴隆庄煤矿行为隐患（"三违"）认定标准》，规定 A 级为严重"三违"，B 级为典型"三违"，C、D、E 级为一般"三违"，若一个月内被矿、科室管理人员及安监员查处两次同类型的 C、D、E 级（一般"三违"）升级为 B 级（典型"三违"）处理。

职工行为隐患积分的五个等级，分别对应的积分分值为 12、6、3、2、1 分/次。对工区有制止行为隐患指标人员出现违章行为的，积分升级考核，班组长分别积分为 18、9、5、3、2 分/次，管理人员分别积分为 24、12、6、4、2 分/次。各工区要向安全监察处上报有制止行为隐患指标人员名单，重点就是管理人员和班组长。根据各工区内、外部行为隐患积分之差进行月度考核排名，积分之差越大排名越靠前，根据排名分别对领导、职工进行奖罚处理，由管理人员和职工共同承担。行为隐患积分标准见表 7-1。

表 7-1　行为隐患积分标准

类型 \ 级别	A 级	B 级	C 级	D 级	E 级
职工	12	6	3	2	1
班组长	18	9	5	3	2
管理人员	24	12	6	4	2

7.2.3　制止行为隐患指标

矿班子成员（生产副矿长、机电副矿长、采煤副矿长、安监处长、总工程师）每季度制止管理人员或安监员行为隐患 1 人次。

矿副总师、业务科室和工区管理人员月度积分指标积分每少 1 分罚款 100 元。各单位行为隐患考核积分见表 7-2。

表 7-2　各单位行为隐患考核积分表

单位 \ 级别	正职	副职技术主管	一般管理
经营管理科	5	3	2
调度信息中心	5	3	2
安全监察处	6	4	3
生产技术科	5	3	2

表7-2（续）

单位 \ 级别	正职	副职技术主管	一般管理
通防科	5	3	2
地质测量科	5	3	2
机电环保科	5	3	2
井下工区	6		
副总师	6		

在制止行为隐患及考核过程中弄虚作假的，给予责任人1000元的处罚；对弄虚作假的单位，给予责任单位5000元的经济处罚；情节严重的，采取组织措施给予诫勉谈话或行政警告处分。

由于各级管理人员人人参与安全管理，人人需要对现场物的不安全状态和人的不安全行为进行责任追究，人人又都有因工作不到位而被其他管理人员责任追究的可能，增强了各级管理人员现场检查的责任心和使命感，提高了安全保障水平。

7.3 职工积分制绩效考核方案

综合考核结果分析，是综合考核管理中的重要环节，是企业考核管理的一种手段。考核的目的并不终止于考核结果，是对全矿整体管理过程中存在的问题查找的过程，通过分析综合考核相关数据找出被考核单位（部门、区队、班组、个人）在管理和工作中的薄弱环节，才能清楚认识到自身不足和存在问题。

考核结果分析方法从分析的对比性来划分，可以分为两大类：纵向比较分析和横向比较分析。

1. 横向比较分析

横向比较分析是指以部门、人员、班组等客体为变量，对同一个考核期进行比较分析，对同一客体的各项指标进行比较评估，可以分析其目标的执行情况和指标实现的均衡状况，便于进一步的指导和过程协调。对人员部门和类别之间的比较，目的是分析任务完成或对组织贡献的优劣顺序，是绩效工资、资金及评优选先进等的重要依据。同时，在比较过程中，也可以发现评价过程存在的问题及指标计划的合理性，以利于及时调整。

2. 纵向比较分析

纵向比较分析是指以考核指标、员工、班组、部门等客体为主对不同考核期的同一考核指标进行比较分析，通过对本期指标考核结果与上期的考核结果进行对比分析，寻找业绩差距及引起差距的内在原因，以达到有针对性地改进员工、提升绩效的目的。

具体可以从以下几个方面进行：

一是年度考核指标的平均水平与历年比较。把当年的单项考核指标平均值与上一年度或历年的同一考核指标相比较，分析其变化情况和原因，它可以进行年度全部指标比较，也可以任选某些指标进行比较。

二是年度内指标考核结果的变化分析。

三是各组考核指标总体平均水平的比较。

7.3.1　工区行为隐患考核评比方法

每月根据各工区内、外部行为隐患积分之差进行排名，积分之差越大排名越靠前，如图7-2所示。

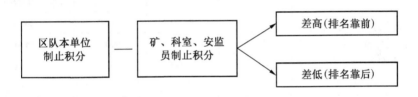

图7-2　考核评比方法一

出现两个及以上积分之差相同的情况，则根据内、外部行为隐患积分之和进行排名，积分之和越小排名越靠前，如图7-3所示。

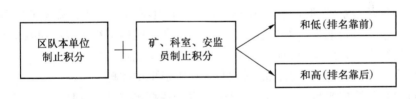

图7-3　考核评比方法二

7.3.2　行为隐患考核奖罚办法

奖惩制度是对劳动者在劳动过程中的一定行为给予奖励和惩罚的规定的总称。奖惩制度要同经济责任制紧密结合，同安全监管人员的责、权、利挂钩，充分体现奖勤罚懒、奖优罚劣、按劳分配的原则。

多年来，煤矿企业对职工"三违"的处理，多是"反向激励"（如罚款等），可能会引起职工的逆反心理，兴隆庄煤矿对职工的行为隐患实行积分制管理，采用物质激励方法，以"正向激励"为主，"反向激励"为辅，极大地调动了各级管理人员及井下员工的工作积极性。

兴隆庄煤矿井下各工区管理干部制止内部行为隐患情况，不纳入矿月度考核，按照区队积分排名，实行月考核月兑现，分别对井下直接单位和井下辅助单位排名考核。考核积分排名第一名奖励 30000 元，第二名 20000 元，第三名 10000 元，最后一名给予 10000 元罚款，罚款由单位管理人员承担。行为隐患考核奖惩办法见表 7-3。

表 7-3　行为隐患考核奖惩办法

井下直接单位	考核积分排名	奖励/元	奖金分配/元	
			管理人员	当月正常出勤并无内、外部行为隐患的职工
综采一区、综采二区、综掘一区、综掘二区、掘进一区、掘进二区、生产准备工区（从事采煤、安撤工作 15 天及以上）	第一名	30000	10000	20000
	第二名	20000	6000	14000
	第三名	10000	3000	7000
	最后一名	给予 10000 元罚款，罚款由单位管理人员承担		

各单位必须严格按照以上规定进行奖罚分配，并将行为隐患奖罚款明细表于次月 3 日前报送安全监察处备案。对弄虚作假的单位，取消当月行为隐患考核奖励，并给予党政主要负责人各 1000 元罚款。若在工作期间发生轻伤及三级以上非人身事故的，与最后一名同等考核。

矿领导及科室管理人员制止的 C 级及以上典型违章行为，安全监察处处长每天在矿早会进行通报。安全监察处月底前将各工区内部行为隐患罚款总额报内部市场运行中心，内部市场运行中心将罚款总额返还到当月工区工资总额中，工区管理人员制止内部行为隐患的罚款必须在工资单中体现。

针对行为隐患当事人，兴隆庄煤矿依据相关标准（表 7-4、表 7-5）进行处罚。

表 7-4　行为隐患处罚标准（一）

行为隐患级别	A 级	B 级	C 级	D 级	E 级
罚款（元/次）	300	200	100	60	30

表7-5 行为隐患处罚标准（二）

职工	联挂						
	安全负责人	班组长	跟班管理人员	值班人员	区长	书记	矿安全包保人员
出现A级行为隐患（元/次）	200	200	200	200	200	200	100
出现B级行为隐患（元/次）	100	100	100		100	100	

除上述行为隐患考核奖惩办法之外，还应遵循以下规定：

（1）制止行为隐患积分满12分的职工，须到职工行为规范训练中心进行1~3天的学习教育。

（2）因违章造成人身伤害或三级及以上非人身事故的直接责任者按照A级行为隐患处理。

（3）单人单岗作业时，在有集控系统的区域，每班向控制台汇报安全情况不得少于3次；在无集控系统的区域，每班向控制台汇报安全情况不得少于2次。单人单岗作业人员出现行为隐患的，联挂工区值班人员50元/人次。

（4）行为隐患当事人被矿处罚后，工区不得给其他任何形式的变相经济处罚，否则，每次处罚区长、书记各1000元，并给予行政处分。

（5）对于新入井职工（包括调入、转岗的职工），要明确师徒关系，签订师徒合同。师徒合同有效期为6个月，在此期间徒弟发生行为隐患的，联挂师傅50元/人次。

8 煤矿职工行为隐患管控对策研究

随着国家相关政策、法律、法规的不断完善，以及不断借鉴其他行业的管理经验，煤矿行业已形成了较为完善的、独特的管理体系。兴隆庄煤矿为了减少和杜绝行为隐患的发生，建立了行为隐患帮教制度，并进行职工行为训练基地的建设。构建行为隐患帮教制度与职工行为训练基地也是兴隆庄煤矿落实"安全第一、预防为主、综合治理"的主要抓手之一。

8.1 行为隐患帮教制度

行为安全管理理念的核心是针对不安全行为进行现场观察、分析与沟通，以干扰或介入的方式，促使员工认识不安全行为的危害，阻止并消除不安全的行为。为了进一步管控职工行为隐患，兴隆庄煤矿建立了行为隐患帮教制度，通过有效的安全教育，使职工培养良好的安全意识并养成良好的安全操作习惯。

8.1.1 行为隐患人员帮教制度

兴隆庄煤矿为严格落实各单位管生产必须管安全的主体责任，增强管理干部抓安全的主动性，提高职工遵章作业意识，规范职工作业行为，提升基层单位的安全自主管理能力，依据《兴隆庄煤矿职工行为隐患分级考核规定》内容，行为隐患人员帮教具体做法如下：

1. C 级及以下行为隐患进行过"两关"教育

1）班后分析关

工区值班人员负责组织行为隐患当事人、当班职工、班长及跟班管理人员，在班后会上经行分析，找出违章原因，制定措施，填表并做好记录，建立好台账，将之作为本单位职工的诚信档案。无记录或填写不认真的，每人次罚值班干部 100 元，罚单位 1000 元。

2）检讨保证关

由行为隐患当事人写出不少于 200 字的保证书，并在两日内上交工区。区长或书记对保证书进行审核签字，并在工区"亮相台"张贴一周，以警示教育其他职工，保证书留档备查。

2. B 级行为隐患进行过"三关"教育

1）工区分析关

区长组织工区管理人员、行为隐患当事人及当班班长进行认真分析，找出违章原因，制定有针对性的措施，并在各班进行通报分析，分析报告留档备查。

2）工区谈话关

由区长或书记与行为隐患当事人进行面谈，让行为隐患当事人切实认识到自己的行为所带来的后果，同时要有谈话记录，谈话记录双方必须签字。

3）深刻检查关

由行为隐患当事人两日内写出不少于400字的保证书，区长或书记对保证书进行审核签字，行为隐患当事人在本班作深刻检查，保证书在工区"亮相台"张贴一个月，以警示教育其他职工，保证书留档备查。

3. A级行为隐患实行待岗培训过"六关"教育

1）分析处理关

由包保小组组长组织相关科室、工区管理人员、行为隐患当事人及当班班长进行分析，找出违章原因，制定针对性的措施，研究处理决定形成分析报告，并在各班进行通报，分析报告留档备查。

2）亮相警示关

由行为隐患当事人两日内写出不少于600字的保证书，区长或书记对保证书进行审核签字，行为隐患当事人在全工区各班作深刻检查，保证书在工区"亮相台"张贴一个月，以警示教育其他职工，保证书留档备查。

3）工区帮教关

根据行为隐患当事人存在的问题，由区长或书记对行为隐患当事人进行帮教，解决思想问题，找出隐患的根源。从思想上让员工不想违，帮教活动要有记录。

4）亲情教育关

区长或书记、协管会成员陪同行为隐患当事人，在行为隐患帮教教室模拟受伤情形，与其家属进行面谈，让职工从情感上受到教育，从思想深处认识到违章作业的危害，让职工不能违章、不敢违章，亲情教育要有记录。

5）培训考核关

由教育培训部门负责对行为隐患当事人进行待岗培训，重点学习岗位工种应知应会的知识、相关操作规程和矿有关规定以及安全法律法规等，并进行考试，考试不合格者继续待岗培训。

6）约谈监督关

区长或书记与行为隐患当事人进行约谈，监督行为隐患当事人是否从思想上切实认识到自己的违章行为所带来的后果，并就行为隐患当事人能否返岗给出具体意见，约谈要有记录。

行为隐患人员拒不接受教育的，按欠勤处理并罚其单位 500 元/天。脱产教育结束后，安全监察处向区队下达职工返岗通知书，方可上班。

行为隐患帮教制度的建立，将行为管控工作系统化、程序化，通过对行为隐患职工的帮教学习，使职工在思想上、精神上都得到提高。开展亲情教育工作，更使职工在亲情关爱的良好氛围中增强安全意识，提升安全理念，自觉遵守章程，有效促进职工做到自保、互保，保证煤矿安全生产。

8.1.2　帮教制度的保障措施

制度需要强有力的保障措施来保障其实施的效果。帮教制度是否能够落实，关系到整个 RSAE 闭环管理模式的实施效果。为此，兴隆庄煤矿采取了以下措施来保障帮教制度的实施，具体做法如下：

（1）为维护职工的合法权益，坚持不冤枉一个遵章者、不放过一个违章者的原则，保证制度的有效实施，兴隆庄煤矿成立了行为隐患仲裁领导小组。

组长：安全监察处处长

副组长：副总工程师

成员：纪委（监察审计科）、经营管理科、安全监察处、内部市场运行中心主要负责人。

（2）行为隐患仲裁办公室设在安全监察处，投诉电话：××××。行为隐患当事人如果对处罚不服，可以在接到处罚通知后 5 日内向行为隐患仲裁办公室申请仲裁。

（3）行为隐患仲裁办公室在接到职工投诉后，应尽快指定仲裁主持人，组织仲裁，当事人在仲裁中有权对制止者提出的事实、证据及依据进行陈述、申辩和指证，并有权提出新的事实和证据，当事人在仲裁中应如实陈述事实经过。

（4）对违章认定事实清楚，证据确凿，适用依据正确，维持原处理结果；对决定撤销的，扣除制止者的行为隐患完成指标。

针对行为隐患过关帮教情况，要重点检查行为隐患的帮教情况，查看班后分析是否开展，记录是否齐全，是否存在造假现象；查看职工所写保证书的内容是否符合要求，职工对违章的认识是否到位，措施是否有效；查看支部书记是否把关签字，谈心谈话是否有效果。

8.1.3　帮教制度的实施意义

帮教制度以控制不安全行为为出发点，对不安全行为人员进行安全态度、安全思想及安全技能教育培训。通过安全态度、安全思想及安全技能教育，消除员工头脑中对安全的错误倾向性，克服不安全的个性心理，端正安全态度，提高安全技能，增强安全生产的自觉性和责任心，从而避免不安全行为。帮教制度可以从最根本上改善职工的不安全行为情况，不仅有利于职工建立良好的安全行为习惯，提升全员安全能力，而且对于煤矿企业的安全文化建设也具有重要意义。

煤矿企业的安全文化建设必须把培养职工良好的安全行为当做基础性的工作，并提升到重要位置，通过严格的管理才能使员工逐步养成规范严谨的行为习惯，企业的安全文化氛围才能够逐步建立。也只有发自内心和自觉的安全行为文化，才是安全文化建设的最高境界。

8.2 矿工行为训练基地建设

安全是煤矿永恒的主题，对安全隐患行为的关注，不应只从发现、制止方面着手，更应着重注意职工行为规范的养成。因此，要确保煤矿企业安全生产，就必须做好职工行为规范的养成。

在众多的煤矿事故中，由于人的不安全心理而引发的行为隐患所导致的事故占总数的80%以上。为此，职工岗前及在岗阶段需要去觉察、调整和控制自身的情绪情感，并学会放松、表达和适当的宣泄。从这个角度看，最大的安全隐患是思想隐患，而从根本上消除不安全行为的心理缺陷，则是防止煤矿事故的有效手段。因此，建立行为规范培养基地既是职工行为隐患矫正的阵地，也是职工行为规范养成的场所。

8.2.1 行为训练基地建设的理论基础

马斯洛需求层次理论是马斯洛于1943年初次提出的著名的激励理论，他将人的需求像阶梯一样从低到高按层次分为五种，分别是生理需求、安全需求、社交需求、尊重需求和自我实现需求。马斯洛认为，只有满足矿工的需求，通过一定的激励方法和手段才能激发矿工的动机和行为，提高工作的积极性。

基于马斯洛需求层次理论，兴隆庄煤矿从职工安全需求、社交需求和尊重需求出发，建立职工职业行为训练基地，包括解压空间、静心空间、心灵视窗、模拟人生、会客空间、办公空间、行为训练、警示教育等。通过帮助职工觉察、调整和控制自身的情绪情感，并学会放松、表达和适当的宣泄，加强职工的心理、行为训练，矫正职工不安全行为，才能从根本上减小行为隐患的发生。

8.2.2 成立职业行为训练基地建设领导小组

兴隆庄煤矿成立职业行为训练基地建设领导小组，领导小组下设办公室，地点设在矿教培中心。

组长：周波

副组长：吴朋、尹怀民、朱明礼、王万勇

组员：赵维波、毕建委、李佳、赵辉、于磊、朱滕滕、张慧、郑维滕、邢维峰

兴隆庄煤矿利用现有6名国家二级心理咨询师的优势，结合各单位党政领导

从事兼职行为帮教。目前行为训练基地里，毕建委、李佳、赵辉、于磊、张慧、郑维滕6位老师持有国家二级心理咨询师资格，朱滕滕1人持有国家高级调音师资格。在基地建设初期，以7名老师为中坚力量开展相关工作。

8.2.3 行为训练基地建设内容

（1）会客空间——接待和会议，职业行为训练接待与反馈阶段。

会客空间主要是通过网络和电话进行学员沟通工作，建立学员档案，整理学员资料，跟踪反馈学员情况。在接受训练前对学员进行基本了解，建立员工职业行为训练档案，鉴别身体有无重大疾病、精神方面等疾病。用量表测试训练前和训练后的效果，让员工写下训练感悟，跟踪反馈。

主要采用专业心理测试量表：SAS抑郁自评量表、SDS焦虑自评量表、Pss压力知觉量表等心理测试量表。

（2）解压空间——释放负面情绪，职业行为训练破冰阶段，如图8-1所示。

解压空间能为情绪不稳定、有暴力倾向的学员提供一个安全的可控空间，通过击打器具、呐喊、注意力转移的方法，宣泄负面情绪和压力，体验宣泄带来的舒畅感觉，从而实现身心放松，提高矿工心理健康水平。

(a)   (b)

图8-1 解压空间

（3）静心空间——心理疏导，职业行为训练疏导一阶段，如图8-2所示。

静心空间主要采用箱庭疗法使来访者快速静心，帮助学员减少阻抗，便于进行更准确地诊断和深层次心理分析。通过个体或团体的形式来进行压力释放，通过团体箱庭提升领导和职工凝聚力、创造力、协作精神，创造健康的团队文化。

(a)

(b)

图 8-2　静心空间

（4）心灵视窗——针对性心理疏导，职业行为训练疏导二阶段，如图 8-3 所示。

(a)

(b)

图 8-3　心灵视窗

此阶段以积极主义导向为主的心理沟通阶段，促进学员心智模式的正面转化，也包括促进管理人员的疏导方法从违章惩罚向科学的咨询、疏导方法的转化。通过疏导学员学习、工作和生活中遇到的心理困扰或情绪问题，促使其改变不合理的认知观念。

主要项目有：OH卡牌、塔罗牌、催眠、系统排列等。

（5）模拟人生——情境体验式教学，职业行为训练体验阶段，如图8-4所示。

(a)   (b)

图8-4　模拟人生

在教学过程中，教师有目的地引入或创设具有一定情绪色彩的、形象生动的场景，诱发和利用学员无意识心理的认识潜能，使其得到全方位切身体验，从而帮助学员深刻理解安全培训的意义，并使学员心理机能得到良好发展。

体验室包含项目：模拟右手骨折、模拟左腿骨折、模拟右手拇指与食指缺失、模拟单眼或双眼失明、模拟双腿截肢、模拟植物人。

（6）行为训练——职业行为标准化训练，职业行为训练实操阶段，如图8-5所示。

对标管理在安全生产管理中至关重要。规程对标的基本原理和对标操作的基本方法，通过流程分析，首先确定各关键专业的安全规程的对标标准，其次分析与之对应的形成违章行为的深层次原因。对各个岗位操作标准化流程重复性训练，按照习惯养成训练法，采取军事化训练模式，进一步提高操作技能和隐患辨识能力，让其把岗位标准化动作成为一种习惯，从而确保职工安全作业。

150

(a)　　　　　　　　　　　(b)

图 8-5　行为训练室

（7）警示教育采取"理论实践相结合"的特色模式，利用煤矿工人身边人和身边事设计剧情，采取"自编、自导、自演"的拍摄，进行现场实践拍摄，让职工在拍摄过程中无形地提高了职工的安全意识，同时激发职工自动自发观看、传播、影评该安全教育微电影，在寓教于乐的氛围里，将安全理念内化于心，落实到实处。设计单位通过警示教育片的拍摄和展播，使职工切实体会到安全的重要性。

行为规范培养基地工作流程如图 8-6 所示。

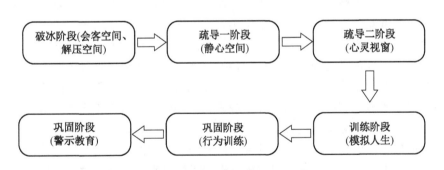

图 8-6　行为规范培养基地工作流程

行为训练基地的建设，通过满足职工安全需求、社交需求和尊重需求来调动职工工作的积极性，将职工的安全意识由被动接受转向主动行动，提升职工安全操作的自觉性，更具有稳定性和持久性。

9 煤矿 RSAE 闭环管理体系 应用效果分析

安全管理贯穿于整个煤炭企业生产经营活动之中。虽然安全隐患排查管理只是煤炭企业安全管理中的一项，但也牵涉到了整个煤炭企业的各个部门和员工。RSAE 闭环管理模式核心目的在于实现企业安全目标，形成系统化的全面安全管理，才能从根本上达到消除隐患、控制事故、减少损失的目的。

9.1 RSAE 闭环管理体系的实施

9.1.1 安全队伍建设

从系统论的角度来看，煤炭企业安全隐患排查系统本身是一个由各个部门构成的系统，整个企业的各个部门都是为了围绕一个预防为主、安全为本的共同目的而运作的。为了确保安全隐患排查工作的顺利进行，煤炭企业应建立相应的职能部门，负责安全生产的管理和隐患排查等工作。

煤炭企业安全队伍建设采用分级控制原则，兴隆庄煤矿成立以矿长、党委书记为组长，副总及以上领导为成员的领导小组，领导小组下设办公室，办公室设在安全监察处，安监处长任办公室主任，具体负责矿井职工行为隐患制度的制定、宣贯、实施、监督、考核、评比等事项。办公室对日常生产的职能部门进行生产管理和监督，对生产过程中存在的隐患要素进行排查，并将排查出的隐患上报。根据排查结果，对存在隐患的部门或有隐患行为的人进行限期整改，确保煤炭企业安全生产无隐患。整个组织体系根据不同级别，将目标层层分解，责任划分清楚，从而实现整个煤矿安全生产的总体控制。安全队伍组织体系如图 9-1 所示。

9.1.2 实施过程

闭环管理模式的实施流程如图 9-2 所示。

煤矿作业职工出现"三违"行为后，首先由当班负责人或巡查领导进行如实记录，通过安全行为隐患积分标准，确定安全行为隐患等级，并进行过关教育，行为隐患当事人过关教育合格后方可上岗工作。

同时，在闭环换管理模式实施过程中，还应实现以下几个方面的闭环管理：

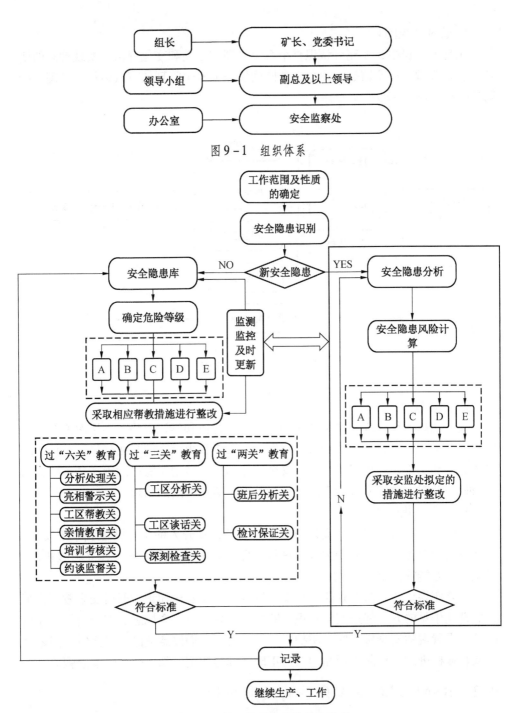

图 9 - 1 组织体系

图 9 - 2 闭环管理模式的实施流程

1. 管理监控闭环

在管理过程中，要充分认识整个系统管理的运动和变化规律，实现动态的闭环控制，要做到完全监控无死角，才能确切保证安全管理的有效运行。管理监控闭环模式如图 9-3 所示。

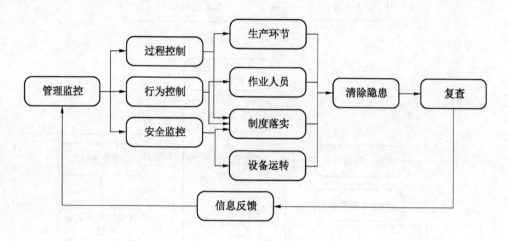

图 9-3　管理监控闭环模式

2. 隐患排查闭环

安全隐患闭环管理主要是利用隐患的分类特征和辨识方法，多层次控制，层层检查，增加闭环管理系统的可靠程度，从而查找出潜在的事故隐患，并根据隐患的分类和识别，对重点隐患进行安全监控和排查，把对隐患的静态显示变为动态监控，及时有效地发现隐患从而进行处理，避免事故的出现。

3. 安全文化闭环

兴隆庄煤矿时刻以安全文化的渗透为辅助，提升人的工作技能和本质安全。根据不同的岗位设置，对相关人员进行全面的技能培训和考核，建立考核机制，考试合格方能安排上岗。

兴隆庄煤矿通过塑造企业安全文化氛围，普及安全知识，开展安全教育，用人们喜闻乐见的方式促进安全意识不断提高。如设置安全标志、安全信号，在危险部位设置醒的安全标志牌、防护栏杆等，警告人们注意危险。采用符合国家标准或行业标准的劳动防护用品用具，正确佩戴与使用。如工作服、安全帽等。

9.2　RSAE 闭环管理体系的效果分析

兴隆庄煤矿 RSAE 闭环管理模式自实施以来，企业高度重视并全力配合，收到了显著成效，受到了广泛好评。兴隆庄煤矿 RSAE 闭环管理模式的实施效果具体表现在以下几个方面：

1. "三违"情况得到改善

（1）由图 9-4 可知，在 2018 年 10 月至 12 月，各项制度及违章标准不够完善，考核也不够严格，职工"三违"次数没有较大的波动。2019 年 1 月兴隆庄煤矿召开了行为隐患排查治理专项会议，坚持把行为隐患的排查治理管控到位，不能流于形式，严抓严管。因此，从 2019 年 1 月开始职工"三违"次数，出现较大幅度增长，主要原因是在积分考核制度下，班组长、跟班和值班管理人员、网格区域负责人严格落实各项规章制度，全矿职工对"三违"行为隐患开始有了新的认识。

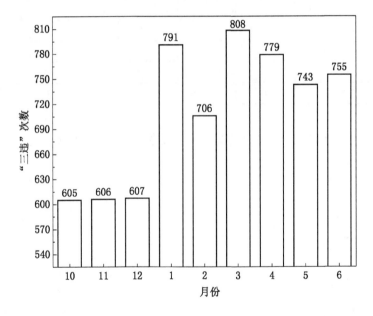

图 9-4　2018 年 10 月至 2019 年 6 月"三违"统计柱状图

随着 RSAE 闭环管理模式的深入实施，兴隆庄煤矿里的党员对安全隐患行为认识较为深刻，积极服从矿里各项制度安排，党员的安全隐患行为的发生次数逐月降低。对部分党员行为隐患行为统计见表 9-1。

从表中得出，6 月份，井下区队进行了有效管控，矿科室制止党员行为隐患为零，党员行为隐患有了极大改善。

（2）通过实施 RSAE 闭环管理模式，兴隆庄煤矿职工严重"三违"（A 级）

表9-1　部分党员行为隐患人次统计

单位	区队内部制止							矿科室制止						
	1月	2月	3月	4月	5月	6月	合计	1月	2月	3月	4月	5月	6月	合计
综采一区	8	7	9	13	6	2	45	2		4	4	1		11
综采二区	1	1	2	4	1	1	10	1	1		2			4
生产准备工区	3	7	3	7	3	4	27	3			3			6
综掘一区		1					1							0
综掘二区	1						1		1					1
运搬工区	1	1					5	1	1	2				4
通防工区	1	1	1	1	1	1	6							0
皮带工区							1							1
机电工区		1		1			2							0
选煤中心							0		1					1
生产服务中心							0				1			1
本月合计	15	20	15	27	12	9		7	5	6	10	1	0	

及典型"三违"（B级）得到了有效管控。如图9-5、图9-6所示。

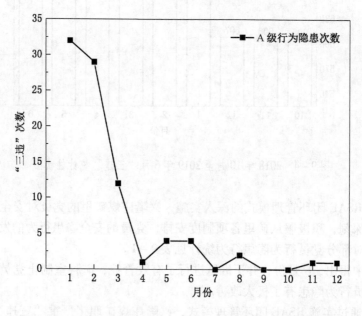

图9-5　全矿2019年1—12月A级行为隐患管控情况

从图 9 – 5 中得出，1—3 月在未实行新的行为隐患管控制度之前，A 级行为隐患较为突出，在实行新的行为隐患管控制度之后，A 级行为隐患得到了有效管控，9—10 月未发生 A 级行为隐患，11—12 月各出现一起。

从图 9 – 6 中得出，7 月 B 级行为隐患大幅增长，通过对个别工区进行约谈后，8—9 月逐步下降，10—11 月基本得有效管控，12 月未出现 B 级行为隐患。

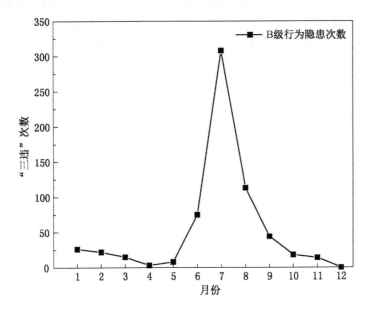

图 9 – 6 全矿 2019 年 1—12 月 B 级行为隐患管控情况

通过实施 RSAE 闭环管理模式，职工的严重"三违"及典型"三违"得到了有效的治理，目前已基本杜绝。

2. 组织结构趋向合理

兴隆庄煤矿 RSAE 闭环管理模式的实施，组织结构的层次更加鲜明，组织结构服从于安全生产战略目标，责权对应、集中明确，有利于发挥人的积极性。组织结构的合理，加快了信息传递速度，扩大了业务的覆盖面和信息的交换量，为实时处理企业信息做出相应决策提供了条件。

3. 安全管理及试运行好转

RSAE 闭环管理模式以隐患为主线，重点强调安全生产管理这一主要矛盾。通过实施闭环管理模式，企业建立了先进的安全隐患排查体系，规范和完善了安全管理体系，形成了有效的绩效考核和现代化的人力资源管理，为企业安全管理建立了良好的运行机制。系统统一了公司安全管理口径，建立起了"安全管理，人人有责"的闭环安全管理模式，有效地促进了安全意识的提升，帮助安全管理目标的实现。

4. 本质安全管理初步实现

安全和质量是煤炭企业的生命线，兴隆庄煤矿的目标是以安全质量求得竞争优势。RSAE 闭环管理模式是具有煤矿安全排查、事故预警、隐患处理、违章处罚、应急预案、灾后建设等处理功能的闭环管理系统，利用人机互补来提高煤炭企业的安全管理水平，以期实现煤炭企业在安全管理、监督、检查、培训、事故预防、劳动保护等方面的信息化。通过 RSAE 闭环管理模式，可以做到全方位检查隐患、综合分析各类隐患、不安全指数监控隐患、追问解决隐患。

10 结 论

本文通过对国内外安全行为管理现状进行分析，对煤矿职工不安全行为的影响因素以及产生机理进行了系统分析，从个体因素、物态环境因素、领导因素、安全管理因素以及群体因素出发，应用 HFACS – CM 模型对兴隆庄煤矿职工不安全行为进行了研究，并通过指标权重分析得出心理状态是影响职工不安全行为的主要指标。在此基础上绘制心理测评量表，对煤矿职工行为进行了心理测评。最后提出 RSAE 闭环管理模式的运行体系，根据行为科学理论、分级管控理论、激励理论等，提出了行为隐患识别辨识、分级标准、积分制考核管理制度、行为隐患人员帮教制度以及建设矿工行为训练基地，并对 RSAE 闭环管理模式的实施效果进行了分析。通过实施 RSAE 闭环管理模式职工的安全隐患行为得到了很大的控制和改观，全面提升了兴隆庄煤矿的安全管理水平。主要结论如下：

（1）分析了煤矿职工不安全行为的影响因素，从个体、物态环境、领导、安全管理以及群体因素展开，阐述了煤矿职工不安全行为的产生机理。在系统研究瑟利事故模型、威格里斯沃思模型、劳伦斯模型、安德森模型和 HFACS 模型五种人因系统模型的基础上，探究了煤矿职工不安全行为的具体表现形式，首次改进构建了煤矿人因分析与分类系统 HFACS – CM 模型。

（2）基于 HFACS – CM 模型，对其中的每一项因素的作用影响机制进行了详细的分析探讨。不同安全影响因素对煤矿员工的影响作用也是不同的，它们相互作用，共同发挥着对煤矿员工的影响。要切实加强煤矿员工不安全行为管理工作，需要在全面认识煤矿员工不安全行为管理系统的基础上，系统地研究各种安全管理行为对煤矿员工的影响作用特点，科学地组织和实施各种安全管理行为，充分发挥不同安全管理行为的协同管理效应，以提高煤矿员工不安全行为的管理效果。完善安全管理、监管体系，合理分配组织资源，加大安全投入，提高煤矿从业人员的安全素质意识和技术水平，是减少我国煤矿事故发生的关键。

（3）根据权重分析结果得到心理状态指标占据主要影响位置，对煤矿职工不安全行为的心理因素进行了分析。通过编制心理测评量表的方式，分析职工不安全行为的心理问题，并对其存在的行为隐患进行了评价预测，为降低事故率、提升煤矿职工行为管理水平作出贡献。

（4）通过深入研究不安全行为形成机理，结合职工行为隐患统计数据的分析以及戴明循环理论，提出了煤矿 RSAE 闭环管理模式，建立了 RSAE 闭环管理模式的运行体系，通过对行为隐患进行分类和识别，及时有效地发现隐患从而进行处理，预防和控制职工不安全行为的发生。

（5）基于风险分级管理理论，采取字母分级的方式，提出了矿工行为隐患分级管理制度。对职工行为采取标准化的方式，使职工的作业行为按照严格的标准完成，促进职工养成作业行为规范，对改善煤矿的安全生产状况具有重大意义。

（6）根据积分制管理理论，对职工的行为隐患实行积分制考核管理制度。通过对各工区内、外部行为隐患积分之差进行月度考核排名，根据排名分别对领导、职工进行奖罚处理。奖罚制度实现了职工行为隐患考核的规范化、严格化，有利于建立安全的企业文化氛围，提高煤矿安全管理的科学性和有效性，从而减少职工不安全行为的发生。

（7）基于行为安全管理理念以及马斯洛需求理论，从职工安全需求、社交需求和尊重需求出发，提出了行为隐患帮教制度以及建设矿工行为训练基地。根据行为隐患等级进行过关教育，通过有效的安全教育，矫正职工不安全行为，在满足职工安全需求、社交需求和尊重需求上充分调动职工工作的积极性，提升职工安全操作的自觉性，使职工培养良好的安全意识并养成良好的安全操作习惯，有效促进职工做到自保、互保，保证煤矿安全生产。

（8）通过实施 RSAE 闭环管理模式，兴隆庄煤矿职工的行为隐患情况得到了显著改善，降低了工人的违章次数，提高了工人的安全意识。RSAE 闭环管理模式在兴隆庄煤矿的应用，取得了良好的经济效益和社会效益。

附录 1 气 质 测 量 表

下面 60 道题，可以帮助你大致确定自己的气质类型。记分规则：很符合 2 分；比较符合 1 分；介于符合与不符合之间 0 分；比较不符合 –1 分；完全不符合 –2 分。

1. 做事力求稳妥，一般不做无把握的事。
2. 遇到可气的事就怒不可遏，想把心里话全说出来才痛快。
3. 宁可一个人干事，不愿很多人在一起。
4. 到一个新环境很快就能适应。
5. 厌恶那些强烈的刺激，如尖叫、噪声、危险镜头。
6. 和人争吵时总是先发制人，喜欢挑衅。
7. 喜欢安静的环境。
8. 善于和人交往。
9. 羡慕那种善于克制自己感情的人。
10. 生活有规律，很少违反作息制度。
11. 在多数情况下情绪是乐观的。
12. 碰到陌生人觉得很拘束。
13. 遇到令人气愤的事，能很好地克制自我。
14. 做事总是有旺盛的精力。
15. 遇到问题总是举棋不定，优柔寡断。
16. 在人群中从不觉得过分拘束。
17. 情绪高昂时，觉得干什么都有趣；情绪低落时，又觉得什么都没意思。
18. 当注意力集中于一事物时，别的事很难使我分心。
19. 理解问题总比别人快。
20. 碰到危险情境，常有一种极度恐怖感。
21. 对学习、工作、事业怀有很高的热情。
22. 能够长时间做枯燥、单调的工作。
23. 符合兴趣的事情，干起来劲头十足，否则就不想干。
24. 一点小事就能引起情绪波动。
25. 讨厌做那种需要耐心、细致的工作。

26. 与人交往不卑不亢。

27. 喜欢参加热烈的活动。

28. 爱看感情细腻、描写人物内心活动的文学作品。

29. 工作学习时间长了，常感到厌倦。

30. 不喜欢长时间谈论一个问题，愿意实际动手干。

31. 宁愿侃侃而谈，不愿窃窃私语。

32. 别人总是说我闷闷不乐。

33. 理解问题常比别人慢些。

34. 疲倦时只要短暂的休息就能精神抖擞，重新投入工作。

35. 心里有话宁愿自己想，不愿说出来。

36. 认准一个目标就希望尽快实现，不达目的，誓不罢休。

37. 学习、工作一段时间后，常比别人更疲倦。

38. 做事有些莽撞，常常不考虑后果。

39. 老师讲授新知识时，总希望他讲得慢些，多重复几遍。

40. 能够很快地忘记那些不愉快的事情。

41. 做作业或完成一件工作总比别人花的时间多。

42. 喜欢运动量大的剧烈体育运动或参加各种文艺活动。

43. 不能很快地把注意力从一件事转移到另一件事上去。

44. 接受一个任务后，就希望能把它迅速解决。

45 认为墨守成规比冒风险强些。

46. 能够同时注意几件事物。

47. 当我烦闷的时候，别人很难使我高兴起来。

48. 爱看情节起伏跌宕激动人心的小说。

49. 对工作抱认真严谨、始终一贯的态度。

50. 和周围人的关系总相处不好。

51. 喜欢复习学过的知识，重复做能熟练做的工作。

52. 希望做变化大、花样多的工作。

53. 小时候会背的诗歌，我似乎比别人记得清楚。

54. 别人说我"出语伤人"，可我并不觉得这样。

55. 在体育活动中，常因反应慢而落后。

56. 反应敏捷、头脑机智。

57. 喜欢有条理而不甚麻烦的工作。

58. 兴奋的事情常使我失眠。

59. 老师讲新概念，常常听不懂，但是弄懂了以后很难忘记。

60. 假如工作枯燥无味，马上就会情绪低落。

胆汁质型得分：题号为 2、6、9、14、17、21、27、31、36、38、42、48、50、54、58 的得分之和。

多血质型得分：题号为 4、8、11、16、19、23、25、29、34、40、44、46、52、56、60 的得分之和。

黏液质型得分：题号为 1、7、10、13、18、22、26、30、33、39、43、45、49、55、57 的得分之和。

抑郁质型得分：题号为 3、5、12、15、20、24、28、32、35、37、41、47、51、53、59 的得分之和。

确定气质类型的标准：

（1）如果某类气质得分明显高出其他三种，均高出 4 分以上，则可定为该类气质。如果该类气质得分超过 20 分，则为典型；如果该类得分为 10～20 分，则为一般型。

（2）两种气质类型得分接近，其差异低于 3 分，而且又明显高于其他两种，高出 4 分以上，则可定为这两种气质的混合型。

（3）三种气质得分均高于第四种，而且接近，则为三种气质的混合型，如多血—胆汁—黏液质混合型或黏液—多血—抑郁质混合型。

胆汁质类型特点：精力充沛、情绪发生快而强、言语动作急速而难于控制；热情、显得直爽或胆大、易怒、急躁等。

多血质类型特点：活泼好动、敏感、情绪发生快而多变、注意和兴趣容易转移、思维言语动作敏捷、善于交际、亲切、有生气，但也往往表现出轻率、不真挚等。

黏液质类型特点：安静、沉稳、情绪发生慢而弱、言语动作和思维比较迟缓、注意稳定、显得庄重、坚忍，但也往往表现出执拗、淡漠。

抑郁质类型特点：柔弱易倦、情绪发生慢而强、体验深沉、言行迟缓无力、胆小、忸怩，善于觉察到别人不易觉察到的细小事物，容易变得孤僻。

附录2　斯特里劳气质调查表

波兰心理学家简．斯特里劳在巴甫洛夫学说的基础上，从整体活动来探讨气质问题。他认为，气质是生物进化的产物，但不受环境影响而发生变化。气质在人的整个心理活动中，在人与环境的关系中起着调节作用。并认为，反应性和活动性是两个与行为能量水平有关的气质基本维度，它们对有机体起着重要的调节作用。高反应性的人感受性高，耐受性低；低反应性的人感受性低，耐受性高。他所编制的《斯特里劳气质调查表（STI）》是用来评定神经系统的四个特性，即兴奋强度、抑郁强度、神经过程平衡性、神经过程灵活性，是目前国际上最具有影响力的气质量表之一。

斯特里劳气质调查表共有134个测试题目，请按顺序回答。全卷答完前，请不要回头查看，因为气质无好坏之分，所以回答要诚实。

回答这些问题时请注意：符合自己情况的记 +1 分；介于符合与不符合之间或无法回答的记 0 分；不符合自己情况的记 –1 分。

1. 你很容易交朋友吗？

2. 得到一定信号之前，你能控制自己不做某件事吗？

3. 短暂休息能解除你的工作疲劳吗？

4. 你能在不利环境中工作吗？

5. 讨论中，你能抑制无理的情绪性争论吗？

6. 你能轻松恢复一项停顿了较长时间的工作（由于假日等）吗？

7. 当你埋头工作时，是否能忘记疲劳呢？

8. 当让某人做某事时，你能耐心等到他完成工作吗？

9. 无论一天中什么时候，只要一上床，你就能很快入睡吗？

10. 你能容易坚持一个信念吗？

11. 你能很容易恢复一项停止了几个星期或几个月的工作吗？

12. 在提供说明时，你有耐心吗？

13. 你喜欢脑力劳动的职业吗？

14. 当进行一项单调工作时，你感到很疲倦吗？

15. 经过强烈情绪之后，你很容易入睡吗？

16. 必要的时候，你能控制表现自己的优势吗？

17. 控制激动或愤怒，对你来说困难吗？

18. 在陌生人面前，你能按你习惯的方式活动吗？

19. 在面临困难的时候，你能控制情境吗？

20. 必要时，你能适应小组成员的行动吗？

21. 你准备从事一些有责任性的工作吗？

22. 你的心情常常受到周围环境的影响吗？

23. 你能战胜挫折吗？

24. 当碰见一个人，并希望使他有深刻印象时，你能保持平静吗？

25. 在你生活中出现未遇见的事件时会被激怒吗？

26. 你准备回答每一次争论吗？

27. 当等待着一个能改变个人命运的时机出现时，你能保持平静吗？

28. 在假日里，你能很快平静下来吗？

29. 你会对未期望的刺激迅速做出反应吗？

30. 你能调整自己的步伐速度或吃饭习性适应比你慢的人吗？

31. 在床上，你能很快地入睡吗？

32. 你喜欢在集会或会议上发言吗？

33. 你很容易受挫吗？

34. 你很难从全神贯注的工作中解脱出来吗？

35. 当谈话打扰他人时，你能停止吗？

36. 你的脾气暴躁吗？

37. 当你与同事合作时，你能轻松地跟上他的节奏吗？

38. 在决定一项活动之前，你会思考再三吗？

39. 当阅读书一类的作品时，你能很容易地按作者的思路从头到尾读完吗？

40. 与陌生人同行时，你会很快加入谈话吗？

41. 当争论毫无结果时，你能停止与一个说法错误的人的争论吗？

42. 你喜欢从事手工灵巧的工作吗？

43. 当遇到新争论时，你能改变主意吗？

44. 你容易习惯新的工作安排吗？

45. 经过一天的工作，你还能在夜里工作吗？

46. 你阅读小说的速度快吗？

47. 由于一些困难，你会经常放弃计划吗？

48. 当情况需要时，你能保持平静吗？

49. 你能毫无困难地迅速醒来吗？

50. 你能控制没有预想到的反应冲动吗？

51. 噪声会干扰你的工作吗？

52. 当需要保密时，你能控制向他人报告实情的欲望吗？

53. 当你等待一个考试或一种不愉快的事情时，你能控制自己吗？

54. 你能迅速适应新环境吗？

55 你喜欢经常性变化和转换吗？

56. 睡一宿觉会消除你一天紧张活动造成的疲倦吗？

57. 你会回避在短时间内需要不同操作的工作吗？

58. 通常你能独立解决自己的问题吗？

59. 当其他组织成员不提出自己的建议时，你能提出自己的看法吗？

60. 假如会游泳，你会跳入水中抢救一个要溺死的人吗？

61. 你工作（或学习）努力吗？

62. 你能抑制做不合时宜的评论吗？

63. 你喜欢在工作、学习或演讲大厅中有个固定的座位吗？

64. 你容易转换工作吗？

65. 当面临重要抉择时，你会仔细选择"是"或"否"吗？

66. 你会迅速克服困难吗？

67. 当有机会观看他人日记或私事时，你很难控制这种好奇心吗？

68. 当进行常规性活动时，你会感到厌倦吗？

69. 你很容易在公共场所遵循规则吗？

70. 当进行谈话、公开发言或口语测验时，你能消除多余的姿势或活动吗？

71. 你喜欢混乱和喧闹的环境吗？

72. 你喜欢高强度的职业吗？

73. 你能长时间地集中精力工作吗？

74. 你需要迅速活动的工作吗？

75. 在困难情况下，你能保持平静吗？

76. 必要时，你能立即醒来吗？

77. 如果必要的话，你自己做完工作后，还能耐心等待他人结束吗？

78. 当看到一个不愉快的悲痛的情景时，你能以正常的效率活动吗？

79. 你能迅速浏览一天的报纸吗？

80. 有时候，你说话会快得难以理解吗？

81. 当夜里睡眠不好时，你能像平时一样正常工作吗？

82. 你能够长时间不受干扰地工作吗？

83. 牙疼或头疼会严重地干扰你的工作吗？

84. 当需要结束一项工作时，尽管你的同事喜欢休息或等待你去做，你也能去完成这项工作吗？

85. 未期望的问题出现时，你会迅速做出反应吗？

86. 你说话快速吗？

87. 你能在等客户时工作吗？

88. 在有说服力的争论中，你会容易地改变自己的看法吗？

89. 你有耐心吗？

90. 如果一个人的工作节奏很慢时，你也能适应他吗？

91. 如果可能的话，你计划自己同时进行几项工作吗？

92. 一个幽默的同伴会使你从抑郁中解脱出来吗？

93. 你能同时进行几项活动而不需过多努力吗？

94. 当看到一起交通事故时，你能保持平静吗？

95. 你喜欢不停地变换生活方式吗？

96. 当看到心爱的人遭受痛苦时，你能保持平静吗？

97. 在关键时刻，你会很自信吗？

98. 在许多人和陌生人面前，你感到很舒服吗？

99. 到时间时，你能立刻结束交谈吗？

100. 你容易适应他人的工作方式吗？

101. 你经常改变自己的职业吗？

102. 事故发生时，你会迫切感到自己要行动吗？

103. 你能抑制不合时宜的微笑吗？

104. 你能迅速开始一项工作吗？

105. 如果你确信自己是正确的，你会对一般本可以接受的问题产生怀疑吗？

106. 你能抑制住瞬息间产生的沮丧心情吗？

107. 经过一天紧张而疲劳的脑力劳动之后，你会难以入睡吗？

108. 你能静静地排长队吗？

109. 当你对住宿情况的抱怨毫无意义时，你能停止抱怨吗？

110. 在激烈的讨论中，你能平静地争论吗？

111. 你能对环境中的突然变化立刻做出反应吗？

112. 当需要时，你能平静地活动吗？

113. 你能忍受痛苦的药物或手术治疗吗？

114. 你会十分紧张地工作吗？

115. 你准备改变娱乐或休息的地点吗？

116. 你很难适应新的生活规律吗？

117. 发生事故时，你期望自己解决问题吗？

118. 在体育比赛中，你能抑制大声地喊叫或一些过分的活动吗？

119. 你喜欢与他人谈话的工作吗？

120. 你能控制自己的滑稽动作（拉长脸阴笑）吗？

121. 你喜欢需要强烈活动的工作吗？

122. 你认为自己是个很有勇气的人吗？

123. 在关键时刻，你的声音会降低吗？

124. 你能克服失败造成的沮丧吗？

125. 必要的时候，你能静静地很长时间地站着或坐着吗？

126. 如果你的欢乐会刺伤他人时，你能控制吗？

127. 你很容易从悲伤转入愉快吗？

128. 你很容易激动起来吗？

129. 你会很容易遵守你生活中的规则吗？

130. 你喜欢公开演说吗？

131. 没有经过长期的准备，你能迅速地开始工作吗？

132. 即使会危及个人生命安全，你也会立刻抢救面临危险的人吗？

133. 你喜欢剧烈运动吗？

134. 你喜欢有责任性的工作吗？

本测验有 44 个兴奋强度的题目，44 个抑制强度的题目和 46 个神经过程灵活性的题目。

它们的题号分别为：

兴奋强度：3、4、7、13、15、18、19、21、23、24、32、39、45、47、51、56、58、60、61、66、72、73、78、81、82、83、94、97、98、102、105、107、113、114、117、121、122、123、124、130、132、133、134。

抑制强度：2、5、8、10、12、16、17、27、30、34、35、36、37、38、41、48、50、52、53、59、62、65、67、69、70、75、77、84、87、89、90、96、99、103、108、109、110、112、118、120、125、126、128、129。

神经过程灵活性：1、6、9、11、14、20、22、25、26、28、29、31、33、40、42、43、44、46、49、54、57、63、64、68、70、71、74、76、79、80、85、86、88、91、92、93、95、100、101、104、111、115、117、119、127、131。

请分别评出你在每一部分的得分，并参考气质测评表就可以了解自己的各种特性的状态和气质类型。

气质类型	高神经活动类型	各种神经过程		
		兴奋程度	抑制强度	灵活性
胆汁质	强而不平衡型	正分	负分	负分
多血质	强、平衡、灵活性	正分	正分	正分
黏液质	强、平衡、不灵活性	正分	正分	负分
抑郁质	弱型	负分	负分	负分

附录3 卡特尔16种人格测试量表

本测验包括一些有关个人的兴趣与态度等问题。每个人对这些问题会有不同的看法，回答自然也是不同的，所以对问题如何回答，并没有"对"与"不对"之分，只是表明你对这些问题的态度。请你要尽量表达个人的意见，不要有所顾忌。

本测验每一题都有三个选项，请你根据自己的情况进行选择。

在做题时请注意以下几点：

一、务必坦白地表达自己的兴趣和态度，对测试题不要费时去斟酌，应当顺其自然，根据第一反应作答。

二、要尽量少选中性答案，即"介于①③之间"或"不确定"。

1. 我很明了本测验的说明。（ ）

①是的　　　　　　　②不一定　　　　　　　③不是的

2. 我对本测验的每一个问题，都能做到诚实地回答。（ ）

①是的　　　　　　　②不一定　　　　　　　③不同意

3. 如果我有机会的话，我愿意（ ）。

①到一个繁华的城市旅行②介于①③之间　　　③游览清静的山区

4. 我有能力应付各种困难。（ ）。

①是的　　　　　　　②不一定　　　　　　　③不是的

5. 即使是关在铁笼里的猛兽，也会使我见了惴惴不安。（ ）

①是的　　　　　　　②不一定　　　　　　　③不是的

6. 我总是不敢大胆批评别人的言行。（ ）

①是的　　　　　　　②有时如此　　　　　　③不是的

7. 我的思想似乎（ ）。

①比较先进　　　　　②一般　　　　　　　　③比较保守

8. 我不擅长说笑话，讲趣事。（ ）

①是的　　　　　　　②介于①③之间　　　　③不是的

9. 当我见到亲友或邻居争吵时，我总是（ ）。

①任其自己解决　　　②介于①③之间　　　　③予以劝解

10. 在群众集会中，我（ ）。

170

①谈吐自如　　　　　　　②介于①③之间　　　　　　③保持沉默

11. 我愿做一个（　　）。

①建筑工程师　　　　　　②不确定　　　　　　　　　③社会科学教授

12. 阅读时，我喜欢选读（　　）。

①自然科学书籍　　　　　②不确定　　　　　　　　　③政治理论书籍

13. 我认为很多人都有些心理不正常，只是他们不愿意承认。（　　）

①是的　　　　　　　　　②介于①③之间　　　　　　③不是的

14. 我希望我的爱人擅长交际，无须具有文艺才能。（　　）

①是的　　　　　　　　　②不一定　　　　　　　　　③不是的

15. 对于性情急躁爱发脾气的人，我仍能以礼相待。（　　）

①是的　　　　　　　　　②介于①③之间　　　　　　③不是的

16. 受人侍奉时我常常局促不安。（　　）

①是的　　　　　　　　　②介于①③之间　　　　　　③不是的

17. 在从事体力或脑力劳动之后，我总是需要有比别人更多的休息时间，才能保持工作效率。（　　）

①是的　　　　　　　　　②介于①③之间　　　　　　③不是的

18. 半夜醒来，我常常为了种种惴惴不安而不能入睡。（　　）

①常常如此　　　　　　　②有时如此　　　　　　　　③极少如此

19. 事情进行得不顺利时，我常常急得涕泪交流。（　　）

①从不如此　　　　　　　②有时如此　　　　　　　　③常常如此

20. 我认为只要双方同意可以离婚，不要受传统观念的束缚。（　　）

①是的　　　　　　　　　②介于①③之间　　　　　　③不是的

21. 我对人或物的兴趣都很容易改变。（　　）

①是的　　　　　　　　　②介于①③之间　　　　　　③不是的

22. 在工作中，我愿意（　　）。

①和别人合作　　　　　　②不确定　　　　　　　　　③自己单独进行

23. 我常常会无故地自言自语。（　　）

①常常如此　　　　　　　②偶然如此　　　　　　　　③从不如此

24. 无论是工作，饮食或外出游览，我总是（　　）。

①匆匆忙忙　　　　　　　②不能尽兴　　　　　　　　③从容不迫

25. 有时我怀疑别人是否对我的言行真正的有兴趣。（　　）

①是的　　　　　　　　　②介于①③之间　　　　　　③不是的

26. 如果我在工厂里工作，我愿做（　　）。

①技术科的工作　　　　　②介于①③之间　　　　　　③宣传科的工作

27. 在阅读时，我愿阅读（　　）。

①有关太空旅行的书籍　　②不太确定　　　　　　　③有关家庭教育的书籍

28. 本题后面列出的三个单词，哪个词与其他两个词不类同。（　　）

①狗　　　　　　　　　　②石头　　　　　　　　　③牛

29. 如果我能到一个新的环境，我要（　　）。

①把生活安排得和从前不一样

②不确定

③和从前相仿

30. 在一生中，我总觉得我能达到我所预期的目标。（　　）

①是的　　　　　　　　　②不一定　　　　　　　　③不是的

31. 当我说谎时，总觉得内心羞愧，不敢正视对方。（　　）

①是的　　　　　　　　　②不一定　　　　　　　　③不是的

32. 假使我手里拿着装有一颗子弹的手枪，我必须把子弹取出来才能安心。（　　）

①是的　　　　　　　　　②介于①③之间　　　　　③不是的

33. 多数人认为我是一个说话风趣的人。（　　）

①是的　　　　　　　　　②不一定　　　　　　　　③不是的

34. 如果人们知道我内心的成见，他们会大吃一惊。（　　）

①是的　　　　　　　　　②不一定　　　　　　　　③不是的

35. 在公共场合，如果我突然成为大家注意的中心，就会感到局促不安。（　　）

①是的　　　　　　　　　②介于①③之间　　　　　③不是的

36. 我喜欢参加规模庞大的晚会或集会。（　　）

①是的　　　　　　　　　②介于①③之间　　　　　③不是的

37. 在科学中，我喜欢（　　）。

①音乐　　　　　　　　　②不一定　　　　　　　　③手工劳动

38. 我常常怀疑那些出乎我意料的，对我过于友善的人的诚实动机。（　　）

①是的　　　　　　　　　②介于①③之间　　　　　③不是的

39. 我愿意把生活安排得像一个（　　）。

①艺术家　　　　　　　　②不确定　　　　　　　　③会计师

40. 我认为目前所需要的是（　　）。

①多出现一些改造世界观的思想家　　②不确定　　③脚踏实地的实干家

41. 有时候我觉得需要剧烈的体力劳动。（　　）

①是的　　　　　　　　　②介于①③之间　　　　　③不是的

42. 我愿意跟有教养的人来往而不愿意同鲁莽的人交往。（ ）

①是的　　　　　　　　②介于①③之间　　　　③不是的

43. 在处理一些必须凭借智慧的事务时，我的亲人的确（ ）。

①比一般人差　　　　　②普通　　　　　　　　③超人一等

44. 当领导召见时，我（ ）。

①觉得可以趁机提出建议

②介于①③之间

③总怀疑自己做错了事

45. 如果待遇优厚，我愿意做护理工作。（ ）

①是的　　　　　　　　②介于①③之间　　　　③不是的

46. 读报时，我喜欢读（ ）。

①当前世界上的基本问题

②介于①③之间

③地方新闻

47. 在接受困难任务时，我总是（ ）。

①有独立完成的信心

②不确定

③希望有别人的帮助和指导

48. 在游览时，我宁愿参加一个画家的写生，也不愿听人家的辩论。（ ）

①是的　　　　　　　　②不一定　　　　　　　③不是的

49. 我的神经脆弱，稍有点刺激就会使我战栗。（ ）

①时常如此　　　　　　②有时如此　　　　　　③从不如此

50. 早晨起来，我常常感到疲乏不堪。（ ）

①是的　　　　　　　　②介于①③之间　　　　③不是的

51. 如果待遇相同，我愿做（ ）。

①森林管理员　　　　　②不一定　　　　　　　③中小学教员

52. 每逢年节或亲友结婚时，我（ ）。

①喜欢赠送礼品　　　　②不太确定　　　　　　③不愿相互送礼

53. 本题后面列举的三个数字中，哪个数字与其他两个数字不类同。（ ）

①5　　　　　　　　　②2　　　　　　　　　③7

54. 猫和鱼就像牛和（ ）。

①牛奶　　　　　　　　②牧草　　　　　　　　③盐

55. 我在小学时敬佩的教师，到现在仍然值得我敬佩。（ ）

①是的　　　　　　　　②不一定　　　　　　　③不是的

56. 我觉得我确实有一些别人所不及的优良品质。（　）

①是的　　　　　　　②不一定　　　　　　　③不是的

57. 根据我的能力，即使让我做一些平凡的工作，我也会安心的。（　）

①是的　　　　　　　②不太确定　　　　　　③不是的

58. 我喜欢看电影或参加其他娱乐活动。（　）

①比一般人多　　　　②和一般人相同　　　　③比一般人少

59. 我喜欢从事需要精密技术的工作。（　）

①是的　　　　　　　②介于①③之间　　　　③不是的

60. 在有威望有地位的人面前，我总是较为局促，谨慎。（　）

①是的　　　　　　　②介于①③之间　　　　③不是的

61. 对于我来说在大众面前演讲或表演，是一件难事。（　）

①是的　　　　　　　②介于①③之间　　　　③不是的

62. 我愿意（　）。

①指挥几个人工作　　②不确定　　　　　　　③和同志们一起工作

63. 即使我做了一件让人笑话的事，我也能坦然处之。（　）

①是的　　　　　　　②介于①③之间　　　　③不是的

64. 我认为没有人会幸灾乐祸而希望我遇到困难。（　）

①是的　　　　　　　②不确定　　　　　　　③不是的

65. 一个人应该（　）。

①考虑人生的真正意义

②不确定

③踏踏实实地工作和学习

66. 我喜欢去处理被别人弄得一塌糊涂的工作。（　）

①是的　　　　　　　②介于①③之间　　　　③不是的

67. 当我非常高兴时，总有一种"好景不长"的感觉。（　）

①是的　　　　　　　②介于①③之间　　　　③不是的

68. 在一般困难的情境中，我总能保持乐观。（　）

①是的　　　　　　　②不一定　　　　　　　③不是的

69. 迁居是一件极不愉快的事。（　）

①是的　　　　　　　②介于①③之间　　　　③不是的

70. 在年轻的时候，当我和父母的意见不同时（　）。

①坚持自己的意见　　②介于①③之间　　　　③接受父母的意见

71. 我希望把我的家庭建设得（　）。

①有其自身的活动和娱乐

②介于①③之间

③成为邻里交往活动的一部分

72. 我解决问题时，多借助于（　　）。

①个人独立思考　　　　　②介于①③之间　　　　　③和别人互相讨论

73. 在需要当机立断时，我总是（　　）。

①镇静地运用理智　　　　②介于①③之间　　　　　③常常紧张兴奋

74. 最近在一两件事情上，我觉得我是无辜受累的。（　　）

①是的　　　　　　　　　②介于①③之间　　　　　③不是的

75. 我善于控制我的表情。（　　）

①是的　　　　　　　　　②介于①③之间　　　　　③不是的

76. 如果待遇相同，我愿做一个（　　）。

①文学研究工作者　　　　②不确定　　　　　　　　③旅行社经理

77. "惊讶"与"新奇"犹如"惧怕"与（　　）。

①勇敢　　　　　　　　　②焦虑　　　　　　　　　③恐怖

78. 本题后面列出的三个分数，哪一个分数与其他两个分数不类同。（　　）

①3/7　　　　　　　　　②3/9　　　　　　　　　③3/11

79. 不知为什么，有些人总是回避或冷淡我。（　　）

①是的　　　　　　　　　②不一定　　　　　　　　③不是的

80. 我虽然善意待人，但常常得不到好报。（　　）

①是的　　　　　　　　　②不一定　　　　　　　　③不是的

81. 我不喜欢争强好胜的人。（　　）

①是的　　　　　　　　　②介于①③之间　　　　　③不是的

82. 和一般人相比，我的朋友的确太少。（　　）

①是的　　　　　　　　　②介于①③之间　　　　　③不是的

83. 不在万不得已的情况下，我总是回避参加应酬性的活动。（　　）

①是的　　　　　　　　　②不一定　　　　　　　　③不是的

84. 我认为对领导逢迎得当比工作表现更重要。（　　）

①是的　　　　　　　　　②介于①③之间　　　　　③不是的

85. 参加竞赛时，我看重的是竞赛的活动，而不计较其成败。（　　）

①总是如此　　　　　　　②一般如此　　　　　　　③偶然如此

86. 按照我个人的意愿，我希望做的工作是（　　）。

①有固定而可靠的工资收入

②介于①③之间

③工资高低应随我的工作表现而随时调整

87. 我愿意阅读（　　）。

①军事与政治的实事记载

②不一定

③富有情感和幻想的作品

88. 我认为有许多人之所以不敢犯罪，其主要原因是怕被惩罚。（　　）

①是的　　　　　　　　②介于①③之间　　　　　　③不是的

89. 我的父母从来不严格要求我事事顺从。（　　）

①是的　　　　　　　　②不一定　　　　　　　　　③不是的

90. "百折不挠再接再厉"的精神似乎被人们所忽略。（　　）

①是的　　　　　　　　②不一定　　　　　　　　　③不是的

91. 当有人对我发火时，我总是（　　）。

①设法使他镇静下来

②不太确定

③也会发起火来

92. 我希望（　　）。

①人们都要友好相处

②不一定

③进行斗争

93. 无论是在极高的屋顶上还是在极深的隧道中，我很少感到胆怯不安。
（　　）

①是的　　　　　　　　②介于①③之间　　　　　　③不是的

94. 只要没有过错，不管别人怎么说，我总能心安理得。（　　）

①是的　　　　　　　　②不一定　　　　　　　　　③不是的

95. 我认为凡是无法用理智来解决的问题，有时就不得不靠权力处理。（　　）

①是的　　　　　　　　②介于①③之间　　　　　　③不是的

96. 我在年轻的时候，和异性朋友交往（　　）。

①较多　　　　　　　　②介于①③之间　　　　　　③较别人少

97. 我在社团活动中，是一个活跃分子。（　　）

①是的　　　　　　　　②介于①③之间　　　　　　③不是的

98. 在人声嘈杂中，我仍然能不受干扰，专心工作。（　　）

①是的　　　　　　　　②介于①③之间　　　　　　③不是的

99. 在某些心境上，我常常因为困惑陷入空想而将工作搁置下来。（　　）

①是的　　　　　　　　②介于①③之间　　　　　　③不是的

100. 我很少用难堪的语言去刺伤别人的感情。（　　）

①是的　　　　　　　　②不太确定　　　　　　　③不是的

101. 如果让我选择，我宁愿选做（　　）。

①列车员　　　　　　　②不确定　　　　　　　③描图员

102. "理不胜辞"的意思是（　　）。

①理不如辞　　　　　　②理多而辞寡　　　　　③辞藻华丽而理不足

103. "锄头"与"挖掘"犹如"刀子"与（　　）。

①雕刻　　　　　　　　②切剖　　　　　　　　③铲除

104. 我在大街上，常常避开我所不愿意打招呼的人。（　　）

①极少如此　　　　　　②偶然如此　　　　　　③有时如此

105. 当我聚精会神地听音乐会时，假使有人在旁边高谈阔论，（　　）。

①我仍然专心听音乐

②介于①③之间

③不能专心而感恼怒

106. 在课堂上，如果我的意见与老师的不同，我常常（　　）。

①保持沉默　　　　　　②不一定　　　　　　　③当场表明立场

107. 我单独跟异性谈话时，总显得不自然。（　　）

①是的　　　　　　　　②介于①③之间　　　　③不是的

108. 我在待人接物方面，的确不太成功。（　　）

①是的　　　　　　　　②不完全是这样　　　　③不是的

109. 每当做一件困难工作时，我总是（　　）。

①预先做好准备

②介于①③之间

③相信到时候总会有办法解决的

110. 在我结交的朋友中，男女各占一半。（　　）

①是的　　　　　　　　②介于①③之间　　　　③不是的

111. 我在结交朋友方面（　　）。

①结识很多人　　　　　②不一定　　　　　　　③维持几个深交的朋友

112. 我愿意做一个社会科学家而不愿做一个机械工程师。（　　）

①是的　　　　　　　　②不确定　　　　　　　③不是的

113. 如果我发现了别人的缺点，我会不顾一切地提出指责。（　　）

①是的　　　　　　　　②介于①③之间　　　　③不是的

114. 我善于设法影响和我一起工作的同志，使他们能协助我实现我所计划的目标。（　　）

①是的　　　　　　　　②介于①③之间　　　　③不是的

115. 我喜欢做戏剧、音乐、歌舞、新闻采访等工作。（ ）

①是的　　　　　　　　②不一定　　　　　　　　③不是的

116. 当人们表扬我的时候，我总觉得羞愧窘促。（ ）

①是的　　　　　　　　②介于①③之间　　　　　③不是的

117. 我认为一个国家最需要解决的问题是（ ）。

①政治问题　　　　　　②不太确定　　　　　　　③道德问题

118. 有时我会无故地产生一种面临大祸的恐惧。（ ）

①是的　　　　　　　　②有时如此　　　　　　　③不是的

119. 我在童年时，害怕黑暗的次数（ ）。

①极多　　　　　　　　②不太多　　　　　　　　③几乎没有

120. 在闲暇的时候，我喜欢（ ）。

①看一部历史性的探险电影

②不一定

③读一本科学性的幻想小说

121. 当人们批评我古怪不正常时，我（ ）。

①非常气恼　　　　　　②有些动气　　　　　　　③无所谓

122. 到一个新城市里去找地址，我（ ）。

①找人问路　　　　　　②介于①③之间　　　　　③参考市区地图

123. 当朋友声明他要在家休息时，我总是设法怂恿他同我一起到外面去游览。（ ）

①是的　　　　　　　　②不一定　　　　　　　　③不是的

124. 在就寝时我常常（ ）。

①不易入睡　　　　　　②介于①③之间　　　　　③极易入睡

125. 有人烦扰我时，我（ ）。

①能不露声色

②介于①③之间

③总要说给别人听，以泄气愤

126. 如果待遇相同，我愿做一个（ ）。

①律师　　　　　　　　②不确定　　　　　　　　③航海员

127. "时间变成了永恒"这是比喻（ ）。

①时间过得很快　　　　②忘了时间　　　　　　　③光明一去不复返

128. 本题后面列的哪一项应接在"X0000XX000XXX"的后面。（ ）

①X0X0　　　　　　　　②00X　　　　　　　　　③0XX

129. 我不论到什么地方，都能清楚地辨别方向。（ ）

178

①是的　　　　　　　　②介于①③之间　　　　③不是的

130. 我热爱所学的专业和所从事的工作。（　）

①是的　　　　　　　　②介于①③之间　　　　③不是的

131. 如果我急于想借朋友的东西，而朋友又不在家时，我认为不告而取也没有关系。（　）

①是的　　　　　　　　②介于①③之间　　　　③不是的

132. 我喜欢向朋友讲述一些我个人有趣的经历。（　）

①是的　　　　　　　　②介于①③之间　　　　③不是的

133. 我宁愿做一个（　）。

①演员　　　　　　　　②不确定　　　　　　　③建筑师

134. 业余时间，我总是做好安排，不使时间浪费。（　）

①是的　　　　　　　　②介于①③之间　　　　③不是的

135. 在和别人交往中，我常常会无缘无故地产生一种自卑感。（　）

①是的　　　　　　　　②介于①③之间　　　　③不是的

136. 和不熟识的人交谈对我来说（　）。

①毫不困难　　　　　　②介于①③之间　　　　③是一件难事

137. 我所喜欢的音乐多是（　）。

①轻松活泼的　　　　　②介于①③之间　　　　③富于感情的

138. 我爱想入非非。（　）

①是的　　　　　　　　②不一定　　　　　　　③不是的

139. 我认为未来 20 年的世界局势，定将好转。（　）

①是的　　　　　　　　②不一定　　　　　　　③不是的

140. 在童年时，我喜欢阅读（　）。

①神话幻想故事　　　　②不确定　　　　　　　③战争故事

141. 我向来都对机械、汽车等发生兴趣。（　）

①是的　　　　　　　　②介于①③之间　　　　③不是的

142. 即使让我做一个缓刑释放的罪犯的管理人，我也会把工作搞得较好。（　）

①是的　　　　　　　　②介于①③之间　　　　③不是的

143. 我仅仅被认为是一个能够苦干而稍有成就的人而已。（　）

①是的　　　　　　　　②介于①③之间　　　　③不是的

144. 就是在不顺利的情况下，我仍能保持精神振奋。（　）

①是的　　　　　　　　②介于①③之间　　　　③不是的

145. 我认为节制生育是解决经济与和平问题的重要条件。（　）

①是的　　　　　　　②不太确定　　　　　　　③不是的

146. 在工作中，我喜欢独自筹划，不愿受别人干涉。（　）

①是的　　　　　　　②介于①③之间　　　　　③不是的

147. 尽管有的同志和我意见不合，但我仍能跟他团结。（　）

①是的　　　　　　　②不一定　　　　　　　　③不是的

148. 我在工作和学习上，总是设法使自己不粗心大意，忽略细节。（　）

①是的　　　　　　　②介于①③之间　　　　　③不是的

149. 在和别人争辩或险遭事故后，我常常表现出震颤，筋疲力尽，不能安心工作。（　）

①是的　　　　　　　②介于①③之间　　　　　③不是的

150. 未经医生处方，我是从不乱吃药的。（　）

①是的　　　　　　　②介于①③之间　　　　　③不是的

151. 根据我个人的兴趣，我愿参加（　）。

①摄影组活动　　　　②不确定　　　　　　　　③文娱队活动

152. "星火"与"燎原"，犹如"姑息"与（　）。

①同情　　　　　　　②养奸　　　　　　　　　③纵容

153. "钟表"与"时间"，犹如"裁缝"与（　）。

①服装　　　　　　　②剪刀　　　　　　　　　③布料

154. 生动的梦境，常常干扰我的睡眠。（　）

①经常如此　　　　　②偶然如此　　　　　　　③从不如此

155. 我爱打抱不平。（　）

①是的　　　　　　　②介于①③之间　　　　　③不是的

156. 如果我要到一个新城市，我将要（　）。

①到处闲逛　　　　　②不确定　　　　　　　　③避免去不安全的地方

157. 我爱穿朴素的衣服，不愿穿华丽的服装。（　）

①是的　　　　　　　②不太确定　　　　　　　③不是的

158. 我认为安静的娱乐远远胜过热闹的宴会。（　）

①是的　　　　　　　②不太确定　　　　　　　③不是的

159. 我明知自己有缺点，但不愿意接受别人的批评。（　）

①偶然如此　　　　　②极少如此　　　　　　　③从不如此

160. 我总是把"是非善恶"作为处理问题的原则。（　）

①是的　　　　　　　②介于①③之间　　　　　③不是的

161. 当我工作时，我不喜欢有许多人在旁参观。（　）

①是的　　　　　　　②介于①③之间　　　　　③不是的

180

162. 我认为，侮辱那些即使有错误但有文化教养的人，如医生、教师等，也是不应该的。（　）

①是的　　　　　　　②介于①③之间　　　③不是的

163. 在各种课程中，我喜欢（　）。

①语文　　　　　　　②不确定　　　　　　③数学

164. 那些自以为是、道貌岸然的人使我生气。（　）

①是的　　　　　　　②介于①③之间　　　③不是的

165. 和循规蹈矩的人交谈，我觉得（　）。

①很有兴趣，并有所得

②介于①③之间

③他们的思想简单，使我厌烦

166. 我喜欢（　）。

①有几个有时对我很苛求但富有感情的朋友

②介于①③之间

③不受别人的干涉

167. 如果征求我的意见，我赞同（　）。

①杜绝精神病患者和智能低下的人的生育

②不确定

③杀人犯必须判处死刑

168. 有时我会无缘无故地感到沮丧痛苦。（　）

①是的　　　　　　　②介于①③之间　　　③不是的

169. 当和立场相反的人辩论时，我主张（　）。

①尽量找出基本概念的差异

②不一定

③彼此让步

170. 我一向是重感情而不重理智，因而我的观点常常动摇不定。（　）

①是的　　　　　　　②不致如此　　　　　③不是的

171. 我的学习多赖于（　）。

①阅读书刊　　　　　②介于①③之间　　　③参加集体讨论

172. 我宁愿选择一个工资较高的工作，不在乎是否有保障，不愿做工资低的固定工作。（　）

①是的　　　　　　　②不太确定　　　　　③不是的

173. 在参加讨论时，我总是能把握住自己的立场。（　）

①经常如此　　　　　②一般如此　　　　　③必要时才能如此

174. 我常常被一些无所谓的小事所烦扰。（　）

　　①是的　　　　　　　　②介于①③之间　　　　　③不是的

175. 我宁愿住在嘈杂的闹市区，而不愿住在僻静的郊区。（　）

　　①是的　　　　　　　　②不太确定　　　　　　　③不是的

176. 下列工作如果任我挑选的话，我愿做（　　　）。

　　①少先队辅导员　　　　②不太确定　　　　　　　③修表工作

177. 一人_____事，众人受累。（　）

　　①偾　　　　　　　　　②愤　　　　　　　　　　③喷

178. 望子成龙的家长往往_____苗助长。（　）

　　①揠　　　　　　　　　②堰　　　　　　　　　　③偃

179. 气候的变化并不影响我的情绪。（　）

　　①是的　　　　　　　　②介于①③之间　　　　　③不是的

180. 因为我对一切问题都有一些见解，所以大家都认为我是一个有头脑的人。（　）

　　①是的　　　　　　　　②介于①③之间　　　　　③不是的

181. 我讲话的声音（　　　）。

　　①洪亮　　　　　　　　②介于①③之间　　　　　③低沉

182. 一般人都认为我是一个活跃热情的人。（　）

　　①是的　　　　　　　　②介于①③之间　　　　　③不是的

183. 我喜欢做出差机会较多的工作。（　）

　　①是的　　　　　　　　②介于①③之间　　　　　③不是的

184. 我做事严格，力求把事情办得尽善尽美。（　）

　　①是的　　　　　　　　②介于①③之间　　　　　③不是的

185. 在取回或归还借的东西时，我总是仔细检查，看是否保持原样。（　）

　　①是的　　　　　　　　②介于①③之间　　　　　③不是的

186. 我通常总是精力充沛，忙碌多事。（　）

　　①是的　　　　　　　　②不一定　　　　　　　　③不是的

187. 我确信我没有遗漏或不经心回答上面的任何问题。（　）

　　①是的　　　　　　　　②不确定　　　　　　　　③不是的

计分方法：

本项测验共包括对16种性格因素的测评，以下是各项性格因素所包括的测试题。

　　A：3、26、27、51、52、76、101、126、151、176。

　　B：28、53、54、77、78、102、103、127、128、152、153、177、178。

C：4、5、29、30、55、79、80、104、105、129、130、154、179。

E：6、7、31、32、56、57、81、106、131、155、156、181。

F：8、33、58、82、83、107、108、132、133、157、158、182、183。

G：9、34、59、84、109、134、159、160、184、185。

H：10、35、36、60、61、85、86、110、111、135、136、161、186。

I：11、12、37、62、87、112、137、138、162、163。

L：13、38、63、64、88、89、113、114、139、164。

M：14、15、39、40、65、90、91、115、116、140、141、165、166。

N：16、17、41、42、66、67、92、117、142、167。

O：18、19、43、44、68、69、93、94、118、119、143、144、168。

Q_1：20、21、45、46、70、95、120、145、169、170。

Q_2：22、47、71、72、96、97、121、122、146、171。

Q_3：23、24、48、73、98、123、147、148、172、173。

Q_4：25、49、50、74、75、99、100、124、125、149、150、174、175。

将每项因素所包括的测试题得分加起来，就是该项性格因素的原始得分。具体每题的计分方法如下：

（1）下列题凡是选以下对应的选项加1分，否则得0分：

28. B 53. B 54. B 77. C 78. B 102. C 103. B 127. C 128. B 152. B 153. C 177. A178. A

（2）下列每题凡是选 B 均加1分，选以下对应的选项加2分，否则得0分：

3. A 4. A 5. C 6. C 7. A 8. C 9. C 10. A 11. C 12. C 13. A 14. C 15. C 16. C 17. A 18. A 19. C 20. A 21. A 22. C 23. C 24. C 25. A 26. C 27. C 29. C 30. A 31. C 32. C 33. A 34. C 35. C 36. A 37. A 38. A 39. A 40. A 41. C 42. A 43. A 44. C 45. C 46. A 47. A 48. A 49. A 50. A 51. C 52. A 55. A 56. A 57. C 58. A 59. A 60. C 61. C 62. C 63. C 64. C 65. A 66. C 67. C 68. C 69. A 70. A 71. A 72. A 73. A 74. A 75. C 76. C 77. C 78. C 79. C 80. C 81. C 82. C 83. C 84. C 85. C 86. C 87. C 88. C 89. C 90. C 91. A 92. C 93. C 94. C 95. C 96. C 97. C 98. A 99. A 100. A 101. A 102. A 103. A 104. A 105. A 106. C 107. A 108. A 109. A 110. A 111. A 112. A 113. A 114. A 115. A 116. A 117. A 118. A 119. A 120. C 121. C 122. C 123. C 124. A 125. C 126. A 129. A 130. A 131. A 132. A 133. A 134. C 135. C 136. A 137. C 138. C 139. C 140. A 141. C 142. A 143. A 144. C 145. A 146. A 147. A 148. A 149. A 150. A 151. C 154. C 155. A 156. A 157. C 158. C 159. C 160. C 161. C 162. C 163. A 164. C 165. C 166. C 167. A 168. A 169. A 170. C 171. A 172. C 173. A 174. A 175. C 176. A 179. A 180. A 181. A 182. A 183. A 184. A 185. A 186. A

第1、第2、第187题不计分。

以下是每项性格因素不同得分者的特征，每项因素得分在8分以上者为高分，3分以下者为低分。测试者在各项因素上得分不同，其适宜的职业也不同。请综合参考各项因素测评结果，再总体权衡你自身的性格适宜哪些类型的职业。

因素A——乐群性

低分数的特征（以下统称低）：寂寞，孤独，冷漠。标准分低于3者通常固执，对人冷漠，落落寡合，喜欢吹毛求疵，宁愿独自工作，对事而不对人，不轻易放弃自己的主见，为人做事的标准常常很高，严谨而不苟且。

高分数的特征（以下统称高）：外向，热情，乐群。标准分高过8者，通常和蔼可亲，与人相处，合作与适应的能力特强。喜欢和别人共同工作，参加或组织各种社团活动，不斤斤计较，容易接受别人的批评。萍水相逢也可以一见如故。

教师和推销员多系高A，而物理学家和电机工程师则多是低A。前者需要时时应付人与人之间的复杂情绪或行为问题，而仍然能够保证其乐观的态度。后者则必须极端地冷静严肃与正确，才能圆满地完成任务。

因素B——智慧性

低：思想迟钝，学识浅薄，抽象思考能力弱。低者通常学习与了解能力不强，不能"举一隅而以三隅反"。迟钝的原因可能由于情绪不稳定，心理病态或失常所致。

高：聪明，富有才识，善于抽象思考。高者通常学习能力强，思考敏捷正确，受教育、文化水准高，个人心身状态健康。机警者多有高B，高B反映心理机能的正常。

专业训练需要高B，但从事例行职务的人如打字员、电话生、家庭主妇等，则因高B而对例行琐务发生厌恶，不能久安其职。

因素C——稳定性

低：情绪激动，易生烦恼。低者通常不能以"逆来顺受"的态度应付生活上所遭遇的阻挠和挫折，容易受环境的支配，心神动摇不定。不能面对现实，时时会暴躁不安，心身疲乏，甚至于出现失眠、噩梦、恐怖等症候。所有神经病人和精神病人都属低C。

高：情绪稳定而成熟，能面对现实。高者通常以沉着的态度应付现实各项问题；行动充满魄力；能振奋勇气，维持团队的精神。有时高C也可能由于不能彻底解决许多生活难题而不得不自我宽解。

教师、机器工程师、推销员、消防员等，凡需要应付日常生活各种难题者应有高C。但是凡能随心所欲安排自己工作进度的人，如作家、邮差或清洁工等，则虽系低 C，尚无大碍。

因素 E——影响性

低：谦逊，顺从，通融，恭顺。低者通常行为温顺，迎合别人的意旨，也可能因为希望可遇而不可求，即使处在十全十美的境地，而有事事不如人之感，许多精神病人都有这样消极的心情。

高：好强固执，独立积极。高者通常自视甚高，自以为是。可能非常地武断，时常驾驭不及他的人和反抗权势者。

一般地，领袖以及有地位有成就的人多属高 E。消防员和航空飞行员的因素 E 高。男人较女人高。

因素 F——活泼性

低：严肃，谨慎，冷静，寡言。低者通常行动拘谨，内省而不轻易发言，较消极，忧郁。有时候可能过分深思熟虑，又近乎骄傲自满。在职责上，他常是认真而可靠的工作人员。

高：轻松兴奋，随遇而安。高者通常活泼，愉快，健谈，对人对事热心而富有感情。但是有时也可能会冲动，以致行为变化莫测。

行政主管人员多有高 F；竞选人必有高 F，才能够获得选民的爱戴；实验技术人员则不必有高 F。

因素 G——有恒性

低：苟且敷衍，缺乏奉公守法的精神。低者通常缺乏较高的目标和理想，对于人群及社会没有绝对的责任感，甚至于有时不惜执法犯法，不择手段以达到某一目的。但他常能有效地解决实际问题，而无须浪费时间和精力。

高：持恒负责，做事尽职。高者通常细心周到，有始有终。是非善恶是他的行为指针。所结交的朋友多是努力苦干的人，而不十分欣赏诙谐有趣的人。

各种社团组织的领袖需要高 G。业务管理人员和警察具有极高的因素 G。任性纵欲，放火杀人的罪犯，因素 G 极低。

因素 H——交际性

低：畏怯退缩，缺乏自信心。低者通常在人群中羞怯。有不自然的姿态，有强烈的自卑感。拙于发言，更不愿和陌生人交谈。凡事采取观望的态度，有时由于过分的自我意识而忽视了社会环境中的重要事物与活动。

高：冒险敢为，少有顾忌。高者通常不掩饰，不畏缩，有敢作敢为的精神，使他能经历艰辛而保持刚毅的毅力。有时可能太粗心大意，忽视细节，遭受无谓的打击与挫折。可能无聊多事，喜欢向异性献殷勤。

因素 H 常随年龄而增强。消防员和飞行员有高 H，事务员多是低 H。团队领导人必具有高 H。

因素 I——情感性

低：理智，着重现实，自恃其力。低者常常以客观、坚强、独立的态度处理当前的问题。重视文化修养，可能过分冷酷无情。

高：敏感，感情用事。高者通常心肠软，易受感动，较女性化，爱好艺术，富于幻想。有时过分不切实际，缺乏耐心和恒心，不喜欢接近粗俗的人和做笨重的工作。在团体活动中，不切实际的看法与行为常常减低了团队的工作效率。

室内设计师、音乐家、艺人、女人属高 I，而工程师、外科医生、统计师等则多低 I。

因素 L——不疑性

低：信赖随和，易与人相处。低者通常无猜忌，不与人角逐竞争，顺应合作，善于体贴人。

高：怀疑，刚愎，固执己见。高者通常怀疑，不信任别人，与人相处常常斤斤计较，不顾及别人的利益。

在团体活动中，低 L 是以团体福利为前提的忠实分子，因素 L 过分高者常常成事不足、败事有余。工程师、机工、精神病护理员多是低 L，而行政人员和警察常是高 L。

因素 M——想象性

低：现实，合乎成规，力求妥善合理。低者通常先要斟酌现实条件，而后决定取舍，不鲁莽从事。在紧要关头时，也能保持镇静，有时可能过分重视现实，为人索然寡趣。

高：幻想，狂放不羁。高者通常忽视生活的细节，只以本身动机、当时兴趣等主观因素为行为的出发点。可能富有创造力，有时也过分不切实际，近乎冲动。因而容易被人误解及奚落。

艺术家、作者及从事研究者多有高 M。低 M 多选择需要实际、机警、脚踏实地的工作。

因素 N——世故性

低：坦白，直率，天真。低者通常思想简单，感情用事；与人无争，与世无忤，自许，心满意足；但有时显得幼稚、粗鲁、笨拙，似乎缺乏教养。

高：精明能干，世故。高者通常处事老练，行为得体；能冷静地分析一切，近乎狡猾；对于一切事物的看法是理智的、客观的。

科学家、工程师、飞行员多是高 N，牧师、神父、护士等多是低 N，牧师的因素 N 不应太高，低 N 使他不苛求责难，能容忍、同情信徒的缺点。

因素 O——忧虑性

低：乐群，沉着，有自信心。低者通常有信心，不轻易动摇，信任自己有应付问题的能力，有安全感，能适应世俗。有时因为缺乏同情而引发别人的反感与恶意。

　　高：忧虑抑郁，烦恼自扰。高者通常觉得世道艰辛，人生不如意十之八九，甚至沮丧悲观，时时有患得患失之感。自觉不容于人，也缺乏和人接近的勇气。各种神经病和精神病人都有高 O。

附录4 具有事故倾向人员 心理行为测试量表

1. 别人干不了的事，你愿意主动去干吗？（　）

A. 总是愿意　　　　　B. 经常愿意　　　　　C. 有时愿意

D. 很少愿意　　　　　E. 不愿意

2. 在工作中能够出现露一手的机会，你会抓住机会吗？（　）

A. 总是会　　　　　　B. 经常会　　　　　　C. 有时会

D. 很少会　　　　　　E. 不会

3. 你认为你的值班段长是什么学历水平？（　）

A. 没文化　　　　　　B. 小学水平　　　　　C. 初中水平

D. 大中专水平

4. 当你在人群中，大家都在窃窃私语，你会不会认为大家都在讨论你？（　）

A. 总是会　　　　　　B. 经常会　　　　　　C. 有时会

D. 很少会　　　　　　E. 不会

5. 如果因"三违"受到处罚你的情绪会因此受影响吗？（　）

A. 总是会　　　　　　B. 经常会　　　　　　C. 有时会

D. 很少会　　　　　　E. 不会

6. 你在工作中会出现过走神、思想溜号这种现象吗？（　）

A. 总是会　　　　　　B. 经常会　　　　　　C. 有时会

D. 很少会　　　　　　E. 不会

7. 你在与人争辩或险遭事故后，是否发生过紧张、发抖、精疲力竭，不能安心工作的情况？（　）

A. 总是会　　　　　　B. 经常会　　　　　　C. 有时会

D. 很少会　　　　　　E. 不会

8. 安全培训课上当老师讲授新内容的时候，你是否会心不在焉、思想溜号？（　）

A. 总是会　　　　　　B. 经常会　　　　　　C. 有时会

D. 很少会　　　　　　E. 不会

9. 一项简单的事情，别人怎么弄也弄不好，你是否会觉得他很笨？（　）

A. 总是会　　　　　　　B. 经常会　　　　　　　C. 有时会

D. 很少会　　　　　　　E. 不会

10. 你的领导总是对你的一个哥们不顺眼，你会为他打抱不平吗？（　　）

A. 总是会　　　　　　　B. 经常会　　　　　　　C. 有时会

D. 很少会　　　　　　　E. 不会

11. 你的同事觉得你是一个什么样的人？（　　）

A. 感情冲动　　　　　　B. 喜欢挑战　　　　　　C. 情绪暴躁

D. 以上都符合

12. 你认为偶尔违章对安全有影响吗？（　　）

A. 总是会　　　　　　　B. 经常会　　　　　　　C. 有时会

D. 很少会　　　　　　　E. 不会

13. 你在工作中偶尔出现不安全动作时，工友会制止提醒你吗？（　　）

A. 总是会　　　　　　　B. 经常会　　　　　　　C. 有时会

D. 很少会　　　　　　　E. 不会

14. 你看到别人在工作中存在不安全动作时，会提醒别人注意吗？（　　）

A. 总是会　　　　　　　B. 经常会　　　　　　　C. 有时会

D. 很少会　　　　　　　E. 不会

15. "我干我的工作，和别人有什么关系？"你会赞成这种观点吗？（　　）

A. 总是会　　　　　　　B. 经常会　　　　　　　C. 有时会

D. 很少会　　　　　　　E. 不会

16. 你觉得你是一个粗心大意、马马虎虎的人吗？（　　）

A. 一直是　　　　　　　B. 经常是　　　　　　　C. 有时是

D. 很少是　　　　　　　E. 不是

17. 你是否会觉得别人干活都不如你？（　　）

A. 总是会　　　　　　　B. 经常会　　　　　　　C. 有时会

D. 很少会　　　　　　　E. 不会

18. 我要这么干，可领导偏不让这么干？你会怎么做？（　　）

A. 服从　　　　　　　　B. 不干　　　　　　　　C. 顶撞领导

D. 该怎么干还怎么干

19. 你会对你的班段长工作能力服气吗？（　　）

A. 总是会　　　　　　　B. 经常会　　　　　　　C. 有时会

D. 很少会　　　　　　　E. 不会

20. 你会不会认为煤矿只要按"安全规程"做，就能保证矿井和你的安全？

（　　）

A. 总是会 B. 经常会 C. 有时会

D. 很少会 E. 不会

21. 你家中有大事小情时，你的上一级领导会到场吗？（ ）

A. 总是会 B. 经常会 C. 有时会

D. 很少会 E. 不会

22. 在你出现工伤事故后，你觉得区段队领导对你的照顾如何？（ ）

A. 好 B. 一般 C. 不好

23. 被批评后，你会一直记着这件事吗？（ ）

A. 总是会 B. 经常会 C. 有时会

D. 很少会 E. 不会

24. 你认为煤矿不违章就不能生产，这种说法对吗？（ ）

A. 对 B. 大多数时候对 C. 有时对

D. 很少对 E. 不对

25. 你自身是否有过因"三违"被处罚的情况？（ ）

A. 没有 B. 有的 C. 经常有

26. 你每次违章后你会为省时省力而庆幸吗？（ ）

A. 总是会 B. 经常会 C. 有时会

D. 很少会 E. 不会

27. 你看到别人因违章而受伤后，你对他有什么看法？（ ）

A. 倒霉 B. 害怕 C. 不该违章

28. 正在生产的工作面被安检人员给停产了，你有什么想法？（ ）

A. 安检人员找茬 B. 不应该停 C. 应该停

29. 你会认为你的工作现场有能使你会受到伤害的不安全因素吗？（ ）

A. 总是会 B. 经常会 C. 有时会

D. 很少会 E. 不会

30. 有过人桥的运输设备，你会走过人桥通过吗？（ ）

A. 总是会 B. 经常会 C. 有时会

D. 很少会 E. 不会

31. 你认为你的领导所做的事能保证你的人身安全吗？（ ）

A. 总是能 B. 经常能 C. 有时能

D. 很少能 E. 不能

32. 你觉得你对事物的理解反应是快还是慢？（ ）

A. 总是很快 B. 经常很快 C. 不快不慢

D. 经常很慢 E. 总是很慢

33. 你会认为只要自己不违章，别人违不违章跟自己没关系吗？（　　）

A. 总是会　　　　　　B. 经常会　　　　　　C. 有时会

D. 很少会　　　　　　E. 不会

34. 在你不顺心的时候，领导能主动找你沟通情况吗？（　　）

A. 每次都能沟通　　　B. 有过很多次　　　　C. 偶尔有过

D. 基本没有过　　　　E. 完全没有过

35. 你对待领导的不公平、不公正会采取什么态度呢？（　　）

A. 发牢骚　　　　　　B. 对着干　　　　　　C. 搞破坏

D. 提意见　　　　　　E. 沉默

F. 出工不出力

36. 你会认为在工作中投点机、取点巧、走些捷径是属于违章的行为吗？（　　）

A. 总是会　　　　　　B. 经常会　　　　　　C. 有时会

D. 很少会　　　　　　E. 不会

37. 如果某个领导总是看不上你，你会怎么做？（　　）

A. 找领导沟通　　　　B. 好好表现

C. 愿咋地咋地　　　　D. 和领导对着干

38. 你认为你的工作岗位的疲劳程度你可以接受吗？（　　）

A. 可以　　　　　　　B. 大多数可以　　　　C. 基本可以

D. 基本不可以　　　　E. 完全不可以

39. 你会不会认为班前会对你的安全意识提高有作用？（　　）

A. 总是会　　　　　　B. 经常会　　　　　　C. 有时会

D. 很少会　　　　　　E. 不会

40. 你的班组中对你的印象好的人占多少？（　　）

A. 所有　　　　　　　B. 大多数　　　　　　C. 一半一半

D. 很少　　　　　　　E. 完全没有

41. 班组中的员工经常到自己家串门吗？（　　）

A. 经常　　　　　　　B. 偶尔　　　　　　　C. 没有

42. 你所在的班组及个人有什么活动经常邀你参加吗？（　　）

A. 经常　　　　　　　BA. 经偶尔有　　　　　C. 没有

43. 你觉得你在你的班组中是个可有可无的人吗？（　　）

A. 是　　　　　　　　B. 不是　　　　　　　C. 不知道

44. 你所在的班组中对你尊重的人占多少？（　　）

A. 所有　　　　　　　B. 大多数　　　　　　C. 一半一半

D. 很少   E. 完全没有

45. 你会对你的工作岗位感到身体不适应、烦躁甚至厌倦吗？（　　）

A. 总是会   B. 经常会   C. 有时会

D. 很少会   E. 不会

46. 当因安全保护故障而影响生产时，你的领导是什么态度？（　　）

A. 甩掉安全保护，继续生产

B. 停止生产，查找原因

47. 别人因违章作业没有受到处罚，却因为抢了进度而被表扬和奖励，你会赞同他的做法吗？（　　）

A. 总是会   B. 经常会   C. 有时会

D. 很少会   E. 不会

48. 你在遇到紧急情况时，是否会大脑一片空白？（　　）

A. 总是会   B. 经常会   C. 有时会

D. 很少会   E. 不会

49. 在工作时，别人对你指手画脚，你会在意吗？（　　）

A. 总是会   B. 经常会   C. 有时会

D. 很少会   E. 不会

50. 你见到过你的领导不顾安全而违章强令生产的现象吗？（　　）

A. 总是见到   B. 经常见到   C. 有时见到

D. 很少见到   E. 没见到过

51. 你会不会赞同为了赶进度而出现些违规操作的现象？（　　）

A. 总是会   B. 经常会   C. 有时会

D. 很少会   E. 不会

52. 带病坚持工作时你会不会感到自己体力不支？（　　）

A. 总是会   B. 经常会   C. 有时会

D. 很少会   E. 不会

53. 在工作的时候，周围有些人在说话，会不会影响到你的工作？（　　）

A. 总是会   B. 经常会   C. 有时会

D. 很少会   E. 不会

54. 你对安检人员查隐患挑毛病的行为，你会感觉很烦吗？（　　）

A. 总是会   B. 经常会   C. 有时会

D. 很少会   E. 不会

55. 你认为安检人员的工作对你的安全是否有帮助？（　　）

A. 总是有帮助   B. 经常能有帮助   C. 有时能有帮助

D. 很少有帮助　　　　　　E. 没帮助

56. 你的睡眠质量好吗?（　）

A. 总是很好　　　　　　B. 经常很好　　　　　　C. 一般

D. 经常不好　　　　　　E. 总是不好

57. 如果遇到特别出格但能在大家面前展现你自己的事，你会做吗?（　）

A. 总是会　　　　　　　B. 经常会　　　　　　　C. 有时会

D. 很少会　　　　　　　E. 不会

58. 你出现过四肢僵硬、不灵活的现象吗?（　）

A. 总出现　　　　　　　B. 经常出现　　　　　　C. 有时出现

D. 很少出现　　　　　　E. 没出现过

59. 你在工作时出现过心烦、急躁的现象吗?（　）

A. 总出现　　　　　　　B. 经常出现　　　　　　C. 有时出现

D. 很少出现　　　　　　E. 没出现过

60. 单位开会时间稍长一点，你会不耐烦、哈欠连天，也不知道主持人在说些什么。（　）

A. 总是会　　　　　　　B. 经常会　　　　　　　C. 有时会

D. 很少会　　　　　　　E. 不会

61. 你会不会认为上级组织的安全检查就是走形式?（　）

A. 总是会　　　　　　　B. 经常会　　　　　　　C. 有时会

D. 很少会　　　　　　　E. 不会

62. 当你注意力集中于某一事物时，别的事情能使你分心吗?（　）

A. 总是能　　　　　　　B. 经常能　　　　　　　C. 有时能

D. 很少能　　　　　　　E. 不能

63. 在睡眠时，你会被梦境惊醒吗?（　）

A. 总是会　　　　　　　B. 经常会　　　　　　　C. 有时会

D. 很少会　　　　　　　E. 不会

64. 在公共场合，如果你突然成为大家注意的中心，你会感觉到紧张、局促不安吗?（　）

A. 总是会　　　　　　　B. 经常会　　　　　　　C. 有时会

D. 很少会　　　　　　　E. 不会

65. 对于那些过于友善的人，你会不会怀有戒备心理呢?（　）

A. 总是会　　　　　　　B. 经常会　　　　　　　C. 有时会

D. 很少会　　　　　　　E. 不会

66. 你在现场工作时，突然传来特别的响声，你会感到胆战心惊吗?（　）

A. 总是会　　　　　　B. 经常会　　　　　　C. 有时会

D. 很少会　　　　　　E. 不会

67. 如果你在瓦斯经常超限、顶板破碎的工作环境中工作，是否会感到害怕、胆怯不安？（　　）

A. 总是会　　　　　　B. 经常会　　　　　　C. 有时会

D. 很少会　　　　　　E. 不会

68. 在工作时，你会喜欢别人在旁边参观吗？（　　）

A. 总是会　　　　　　B. 经常会　　　　　　C. 有时会

D. 很少会　　　　　　E. 不会

69. 在噪声非常大的环境中，你能专心工作吗？（　　）

A. 总是能　　　　　　B. 经常能　　　　　　C. 有时能

D. 很少能　　　　　　E. 不能

70. 当你受到表扬时，你会沾沾自喜吗？（　　）

A. 总是会　　　　　　B. 经常会　　　　　　C. 有时会

D. 很少会　　　　　　E. 不会

71. 对那些道貌岸然、自以为是的人，你会生气吗？（　　）

A. 总是会　　　　　　B. 经常会　　　　　　C. 有时会

D. 很少会　　　　　　E. 不会

72. 你在看影视节目时，会为主人公的悲惨遭遇而流泪吗？（　　）

A. 总是会　　　　　　B. 经常会　　　　　　C. 有时会

D. 很少会　　　　　　E. 不会

73. 你有时会无故产生一种面临大祸的恐惧吗？（　　）

A. 总是会　　　　　　B. 经常会　　　　　　C. 有时会

D. 很少会　　　　　　E. 不会

74. 在工作中缺少必备工具、材料的时候，你会怎么办？（　　）

A. 找其他东西代替　　B. 汇报，听从安排　　C. 等待运过来再干活

75. 当你和别人争吵时，你会不会选择先发制人，压过对方？（　　）

A. 总是会　　　　　　B. 经常会　　　　　　C. 有时会

D. 很少会　　　　　　E. 不会

76. 对于自己不熟悉的事情，你会愿意主动干吗？（　　）

A. 总是会　　　　　　B. 经常会　　　　　　C. 有时会

D. 很少会　　　　　　E. 不会

77. 和循规蹈矩的人交谈，会使你觉得厌烦吗？（　　）

A. 总是会　　　　　　B. 经常会　　　　　　C. 有时会

D. 很少会　　　　　　　　E. 不会

78. 如果你提出的意见和大多数人不一致时，你会感到紧张吗？（　　）
A. 总是会　　　　　B. 经常会　　　　　C. 有时会
D. 很少会　　　　　E. 不会

79. 你虽然工作很努力，但领导对你还是不太满意，你会不会产生对抗心理？（　　）
A. 总是会　　　　　B. 经常会　　　　　C. 有时会
D. 很少会　　　　　E. 不会

80. 当你聚精会神工作时旁边有人高谈阔论，你会感到愤怒吗？（　　）
A. 总是会　　　　　B. 经常会　　　　　C. 有时会
D. 很少会　　　　　E. 不会

81. 你的段、队是否能月月完成上级下达的生产作业计划？（　　）
A. 总是能　　　　　B. 经常能　　　　　C. 有时能
D. 很少能　　　　　E. 不能

82. 你所在班组的班组长带头违章是否对你的安全有影响？（　　）
A. 总是有影响　　　　B. 经常有影响　　　　C. 有时有影响
D. 很少有影响　　　　E. 没有影响

83. 你是一个一点小事就会引起情绪波动的人吗？（　　）
A. 总是这样　　　　B. 经常这样　　　　C. 有时这样
D. 很少这样　　　　E. 没发生过

84. 你是一个不喜欢长时间讨论一个问题，而愿意实际动手干的人吗？（　　）
A. 总是这样　　　　B. 经常这样　　　　C. 有时这样
D. 很少这样　　　　E. 完全不是这样

85. 对于一个你不熟悉的问题，你的理解能力经常比别人快吗？（　　）
A. 总是这样　　　　B. 经常这样　　　　C. 有时这样
D. 很少这样　　　　E. 完全不是这样

86. 在遇到烦恼的事情时，你愿意将自己的烦恼和你要好的朋友说出来吗？
（　　）
A. 总是这样　　　　B. 经常这样　　　　C. 有时这样
D. 很少这样　　　　E. 完全不是这样

87. 你是一个喜欢借酒浇愁的人吗？（　　）
A. 总是这样　　　　B. 经常这样　　　　C. 有时这样
D. 很少这样　　　　E. 完全不是这样

88. 你是否在意别人对你的评价？（　　）

A. 总是会在意   B. 经常会在意   C. 有时会在意
D. 很少会在意   E. 不在意

89. 在接受安全培训时，你是否希望老师讲得慢一些，能重复几遍最好？
（   ）

A. 总是会希望   B. 经常会希望   C. 有时会希望
D. 很少会希望   E. 不希望

90. 你是一个能够把不愉快的事情埋在心里而在表情上看不出来的人吗？
（   ）

A. 总是这样   B. 经常这样   C. 有时这样
D. 很少这样   E. 不是这样

91. 当跟一大群陌生人交往时，你是否会产生不自在的感觉？（   ）
A. 总是会   B. 经常会   C. 有时会
D. 很少会   E. 不会

92. 在工作中遇到不懂、不会干、干不好的事情，你能主动找别人请教吗？
（   ）

A. 总是能   B. 经常能   C. 有时能
D. 很少能   E. 不能

93. 当你决定做一件事情，而这件事情没被你做好，是否会感到内疚？（   ）
A. 总是会   B. 经常会   C. 有时会
D. 很少会   E. 不会

94. 你答应别人的事情，可是因某种原因未能做到，你会为此自责吗？（   ）
A. 总是会   B. 经常会   C. 有时会
D. 很少会   E. 不会

95. 你第一次到你的一个朋友家串门，这个地方很陌生，路很长，七扭八
拐，返回时你能找到路吗？（   ）
A. 总是能   B. 经常能   C. 有时能
D. 很少能   E. 不能

96. 你的领导是行为前后不一、行事变化无常的人吗？（   ）
A. 总是   B. 经常是   C. 有时是
D. 很少是   E. 不是

97. 你的爱人及工友是否都认为你是一个工作要求太高、工作太卖命的人？
（   ）

A. 总是这么认为   B. 经常这么认为   C. 有时会这么认为
D. 很少会这么认为   E. 不会这么认为

98. 你是否会为加入到你现在这个班组而感到自豪?(　　)

A. 总是会　　　　　　B. 经常会　　　　　　C. 有时会

D. 很少会　　　　　　E. 不会

计分方法:

回答 A 计 5 分, B 计 3 分, C 计 1 分, D 计 -3 分, E 计 -5 分。

但 11 题有一项符合计 1 分, 各项都符合计 5 分。22、25、27、28、74 题, 选 A 计 5 分, B 计 -3 分, C 计 -5 分。46 题, 选 A 计 -5 分, B 计 5 分。

其中: 3、18、78、19、44、80、32、32、20、29、39、67、12、30、36、37、40、41、42、44、81、86、98 反向记分。即: E 计 5 分, D 计 3 分, C 计 -1 分, B 计 -3 分, A 计 -5 分。

逞能: 1、2、4、9、11、17、57、68、70、76、85。

冒险: 11、15、17、53、59、63、71、75、77、78、84、95、97。

情绪失控: 5、7、35、48、49、61、64、66、67、72、73、81、83、88。

逆反: 10、18、19、35、37、44、45、55、61、79、54、96。

注意力不集中: 6、8、23、62、65、69;、80、89。

疲劳: 23、32、38、45、52、56、58、60。

风险感知能力差: 16、20、24、26、28、29、30、33、39、47、67、74、27、82。

省能: 12、30、36、51、92、93、94。

孤独: 40、41、42、43、44、84、91、86、98、87、90。

安全氛围: 3、13、14、21、22、25、31、34、46、50、96、98。

心理行为分类:

逞能: 得分在 42 分以上, 具有逞能心理行为。

冒险: 得分在 42 分以上, 具有冒险心理行为。

情绪失控: 得分在 38 分以上, 具有情绪失控心理行为。

逆反: 得分在 23 分以上, 具有逆反心理行为。

注意力不集中: 得分在 23 分以上, 具有注意力不集中的心理行为。

疲劳: 得分在 23 分以上, 具有疲劳心理行为。

风险感知能力差: 得分在 30 分以上, 具有风险感知能力差的心理行为。

省能: 得分在 3 分以上, 具有省能的心理行为。

孤独: 得分在 -3 分以上, 具有孤独心理行为。

安全氛围: 得分低于 38 分, 属于企业安全氛围较差, 会对员工行为产生较大的负面影响。

测试量表综合得分在 221 分以上的, 即属于具有事故倾向的人员。

附录5 艾森克情绪稳定性测试量表

艾森克是英国伦敦大学的心理学教授，是当代最著名的心理学家之一，编制过多种心理测验。情绪稳定性测验可以被用于诊断是否存在自卑、抑郁、焦虑、强迫症、依赖性、疑心病观念和负罪感。

下面给出210道题，请你逐一在答案纸上回答。你可以在"是""否"和"不好说"三个答案中选择一个，尽量选择"是"和"否"。不要过多地思考每个题目的细微意义，最好根据自己的第一感受来回答。

问卷：

1. 你认为你能像大多数人那样行事吗？

2. 你似乎总碰到倒霉事。

3. 你比大多数人更容易脸红吗？

4. 有一个思想总在你脑中反复出现，你想打消它，但是办不到？

5. 你有想戒而戒不掉的不良嗜好吗？如吸烟。

6. 你是否总是感觉良好并精力充沛？

7. 你常常为负罪感而烦恼吗？

8. 你是否觉得有点儿骄傲？

9. 早上醒来时，你是否经常感到心情郁闷？

10. 即使发愁的时候，你也极少失眠吗？

11. 你时常感到时钟的嘀嗒声十分刺耳、难以忍受吗？

12. 对于那种看上去你很在行的游戏，你想学会并享受其乐趣吗？

13. 你是否食欲不佳？

14. 在你实际上没有错的时候，你是否常常寻找自己的不是？

15. 你常常觉得自己是一个失败者吗？

16. 总的来说，你是否满足于你的生活？

17. 你通常是平静、不容易被烦扰吗？

18. 在阅读的时候，如果发现标点错误，你是否觉得很难弄清句子的意思？

19. 你是否通过锻炼或限制饮食来有计划地控制体形？

20. 你的皮肤非常敏感和怕痛吗？

21. 你是否有时觉得你所过的生活令你父母失望？

22. 你为你的自卑感苦恼吗？

23. 在生活中，你是否能发现许多愉快的事？

24. 你是否觉得你有许多无法克服的困难？

25. 你是否有时强迫自己收手，尽管你明明知道你的手段很干净？

26. 你是否相信你的性格已由童年的经历所决定，所以无法改变？

27. 你是否时常感到头脑发晕？

28. 你是否觉得你犯了不可饶恕的罪过？

29. 总的来说，你是否很自信？

30. 有时你不在乎将来怎样。

31. 你是否总感到生活十分紧张？

32. 你有时为一些细枝末节的小事总缠绕在思想中而烦恼吗？

33. 不管别人怎么说，你总按自己的决定行事吗？

34. 你比多数人更容易头痛吗？

35. 你常有对自己的所作所为进行忏悔的强烈意愿吗？

36. 你是否常常希望自己是另外一个人？

37. 平时你感到精力充沛吗？

38. 你小时候害怕黑暗吗？

39. 你是否热衷于某种迷信仪式，以避免走路发出的噼啪声等诸如此类的不吉利的事？

40. 你觉得控制体重困难吗？

41. 你是否有时感到面部、头部、肩部抽搐？

42. 你是否常觉得别人非难你？

43. 当众讲话是否使你感到很不自在？

44. 你是否曾经无缘无故地觉得自己很悲惨？

45. 你是否常常忙忙碌碌似乎有所求，实际上不知所求？

46. 你常担心抽屉、窗子、门、箱子等东西是否锁好？

47. 你是否相信上帝、命运等超自然的力量控制着你的生老病死？

48. 你很担心自己得病吗？

49. 你是否相信此时此刻所得的幸福，最终不得不偿还？

50. 如果可能的话，你会在许多方面改变自己吗？

51. 你觉得自己前途乐观吗？

52. 面对艰难的任务，你是否会发抖、出汗？

53. 上床睡觉之前，你常按程序检查所有的电灯、用具和水管关好没有？

54. 如果事情出了差错，你是否常把它们归结为运气不佳，而不是方法不当？

55. 即使你认为自己仅仅是着凉了，你也一定要去看病吗？

56. 你很关心自己是否比周围大多数人都生活得好？

57. 在一般情况下，你是否觉得自己颇受大家的欢迎？

58. 你是否有过自己不如死了好的想法？

59. 即使知道对你不会有伤害，也会对一些人或事担惊受怕？

60. 你是否小心翼翼地在家里储存一些食品或粮食，以防食物短缺？

61. 你是否曾感到有一种坏念头支配着你？

62. 你是否常感到精疲力竭？

63. 你是否做过一些使你终生遗憾的事？

64. 对于你的决定，是否总是充满信心？

65. 你常感到沮丧吗？

66. 你比其他人更不容易焦虑吗？

67. 你特别害怕和厌恶脏东西吗？

68. 你是否常感到自己是某种无法控制的外力的受害者？

69. 你被认为是一个体弱多病的人吗？

70. 你常常无缘无故地受到责备和惩罚吗？

71. 你是否觉得自己很有见地？

72. 对你来说，事情总是没有希望吗？

73. 你常无缘无故地为一些不现实的东西担心吗？

74. 在外面，如果遇到火灾，你是否先计划怎样逃脱？

75. 做事前，你是否总是设计一个明确的计划而不是碰运气？

76. 你家里有一个小药箱来保存你以前看病剩余的各种药物吗？

77. 如果友人训斥你，你往心里去吗？

78. 你是否常为一些你做过的事情感到惭愧？

79. 你和多数人一样爱笑吗？

80. 多数时间里你都为某些人或事感到忧心忡忡吗？

81. 你是否会因为东西放错了地方而烦躁难受？

82. 你曾经用扔硬币或类似的完全凭概率的方法来做决策吗？

83. 你非常担心自己的健康吗？

84. 如果你发生了意外事故，是否会觉得这是对你的报应？

85. 当你注视自己的照片时，你是否感到窘迫，并抱怨人们总不能公平地对待你？

86. 你常常毫无原因地感到无精打采和疲倦吗？

87. 如果你在社交场合出了丑，你能很容易地忘却它吗？

88. 对于你所有的花销，你都详细地记账吗？

89. 你的所作所为是否常与习俗和父母的希望相悖？

90. 强烈的痛苦和疼痛使你不可能把注意力集中在你的工作上吗？

91. 你是否为你过早的性行为而后悔？

92. 你家里是否有些成员使你感到自己不够好？

93. 你常受到噪声的打扰吗？

94. 坐着或躺下时，你很容易放松吗？

95. 你是否很担心在公共场合里传染上细菌？

96. 当你感到孤独时，你是否努力去友善待人？

97. 你是经常为难以忍受的瘙痒而烦恼？

98. 你是否有某些不可饶恕的坏习惯？

99. 如果有人批评你，你是否感到非常不愉快？

100. 你是否觉得自己受到生活的不公平待遇？

101. 你很容易为一些意想不到的人的出现而吃惊吗？

102. 哪怕钱少得微不足道，你总是很细心地归还借物吗？

103. 你是否感到不能左右周围发生的事情？

104. 你的身体健康吗？

105. 你常受到良心的折磨吗？

106. 人们是否把你作为他们利用的对象？

107. 你是否认为人们实际上并不关心你？

108. 安静地坐着待一会儿，对你来说很困难吗？

109. 你是否常常事必躬亲，而不相信别人也能把它做好？

110. 你很容易被人说服吗？

111. 你的家人是否多有肠胃不适的毛病？

112. 你是否觉得荒废了自己的青春？

113. 你是否喜欢提一些关于你自己作为一个人的价值的问题？

114. 你常常感到孤独吗？

115. 你过分地担心钱的问题吗？

116. 你宁愿从马路旁的栏杆下面钻过去，也不愿意绕道而行吗？

117. 你感到生活难以应付吗？

118. 当你不舒服时，别人是否表示同情？

119. 你是否觉得自己不配得到别人的信任和友情？

120. 当人们说起你的优点时，你是否觉得他们在恭维你？

121. 你是否认为自己对世界有所贡献并过着有意义的生活？

122. 你是否很容易入睡？

123. 你不拘小节吗？

124. 你所做的多数事情都能使他人愉快吗？

125. 你长期便秘吗？

126. 你是否总是考虑过去发生的事情，并惋惜自己没能做得更好？

127. 你是否有时因怕别人的嘲笑或批评而隐瞒自己的意见？

128. 你觉得世界上没有一个人爱你吗？

129. 在社交场合中，你很容易感到窘迫吗？

130. 你是否把废旧的物品留着，以便将来派上用场？

131. 你相信你的未来掌握在你的手中吗？

132. 你曾经有过神经衰弱？

133. 你内心是否隐藏着某种内疚，而担心总有一天必定会被人知道？

134. 在社交场合你是否感到害羞，并且自己意识到这种害羞？

135. 你认为把一个孩子带到世界上来是一件很难的事情吗？

136. 如果事情没有按照预定计划进行，你是否容易感到手足无措？

137. 房间里很乱时，你是否感到不舒服？

138. 你是否和别人一样有意志？

139. 你常感到心悸吗？

140. 你相信恶有恶报吗？

141. 与你遇到的人相比，你是否感到自卑，尽管客观上你并不比他差？

142. 一般来讲，你是否成功地实现了你的生活目标？

143. 你常为噩梦惊醒并吓出一身大汗吗？

144. 若别人的狗舔了你的脸，会感到恶心吗？

145. 由于总有一些事情干扰，你不得不改变计划，因此，你觉得制订计划是浪费时间吗？

146. 你总担心家里人会生病吗？

147. 如果你做了某些受到谴责的事，你是否能很快地忘掉，并放眼未来？

148. 通常你觉得你能实现你想要达到的目标吗？

149. 你很容易伤感吗？

150. 当你和别人谈话，并想给人留下深刻的印象时，你的声音是否会变得颤抖？

151. 你是不是那种万事不求人的人？

152. 你更喜欢那种由他决策，并告诉你该怎么做的工作吗？

153. 甚至在天气暖和时你也时常手脚冰凉吗？

154. 你常通过祈祷来请求得到宽恕吗?

155. 你对你的相貌感到满意吗?

156. 你是否觉得别人老是碰到好运气?

157. 在紧急情况下你能保持镇静吗?

158. 你是否把所有的约会和同一天所必须做的事都记在本上?

159. 你是否感到在生活中变换环境是徒劳的?

160. 你常感到呼吸困难吗?

161. 听到下流故事时,你感到窘迫吗?

162. 对于你不喜欢的人,你是否保持缄默?

163. 你感到有很长时间无法驾驭周围的环境吗?

164. 当你想到自己所面临的困难时,是否会觉得紧张和不知所措?

165. 拜访别人时,进门之前,是否总要整理一下头发和衣服?

166. 你是否常常觉得难以控制你的生活方向?

167. 你是否认为因轻微的不舒服,如咳嗽、着凉、感冒去看病是浪费时间?

168. 你是否时常感到好像做错了什么事情,尽管这种感觉没有确实根据?

169. 你是否觉得为了赢得别人的关注和称赞而做事非常困难?

170. 回首往事,你是否觉得受了欺骗?

171. 受到羞辱会使你难受很长时间吗?

172. 和别人说话时,你是否总是试图纠正别人的语法错误,尽管礼貌可能不允许这样做?

173. 你是否觉得现在的事情如此变化莫测,以至简直找不出规律?

174. 如果你得了感冒,是否马上上床休息?

175. 你是否由于你的老师没有充分备课而对他感到失望?

176. 你是否常常把自己设想得比实际好?

177. 你和别人一样生活得快乐吗?

178. 你能够通过描述自己来认识自己吗?

179. 你是否把自己描述成一个完美的人?

180. 你总是有明确的生活目标吗?

181. 早上你是否常常看你舌头的颜色?

182. 你是否常在回忆过去时,觉得自己以前对待别人太不好?

183. 你是否觉得自己从来没有做过任何好事?

184. 你是否觉得自己是生活中多余的人?

185. 你是否为可能会发生的事而操不必要的心?

186. 当烦恼的事情使你无法入睡时,你是否按照习惯离开睡床?

187. 你是否常常觉得别人在利用你？

188. 你每天都称体重吗？

189. 你是否期望上帝在来世惩罚你的罪过？

190. 你是否常常怀疑你的性能力？

191. 你的睡眠通常是不规则的吗？

192. 你是否常常无缘无故地变得很激动？

193. 保持整洁有序对你来说是至关重要的吗？

194. 你是否有时受广告的影响而买一些你实际上并不想买的东西？

195. 你是否常常为噪音而烦恼？

196. 如果在人际交往中遇到挫折，你总是责备自己吗？

197. 你有起码的自尊心吗？

198. 即使你和其他人在一起时，也常常感到孤独吗？

199. 你曾经觉得自己需要服一些镇静剂吗？

200. 如果你的生活日程被一些预料之外的事情所打乱，会感到非常不快吗？

201. 你是否通过占卜算卦来预测自己的未来？

202. 你是否觉得有块东西堵在喉咙里？

203. 你是否有时对你自己的性欲望和性幻想感到厌恶？

204. 你认为自己的个性对异性有吸引力吗？

205. 在多数时间里，你的内心感到宁静和满足吗？

206. 你是一个神经质的人吗？

207. 你是否常常花大量的时间来整理书籍，这样你可以在需要的时候知道它们在哪？

208. 你是否总是由别人来决定看什么电影或节目？

209. 你有过忽冷忽热的感觉吗？

210. 你能很容易忘记自己做错的事吗？

计分方法：

上面210道题中包含着7个分量表，每30题一个量表，分别从自卑感、抑郁性、焦虑、强迫症、依赖性、疑心病症和负罪感7个方面评价一个人的心理健康状态。计分表中的数字是问卷中的题目号，题号后的"＋"号表示该问题回答"是"则得1分；题号后的"－"号表示该题回答"否"则得1分；凡是回答"不好说"的一律得0.5分。将各题得分加起来就是该分量的得分。

（1）自卑感：

| 1 + | 43 – | 85 – | 127 – | 169 – |
| 8 – | 50 – | 92 – | 134 – | 176 – |

15 −　　57 +　　99 −　　141 −　　183 −
22 −　　64 +　　106 +　　148 +　　190 −
29 +　　71 +　　113 −　　155 +　　197 +
36 −　　78 −　　120 −　　162 −　　204 +

（2）抑郁性：

2 −　　44 −　　86 −　　128 +　　170 −
9 −　　51 +　　93 −　　135 −　　177 +
16 +　　58 −　　100 −　　142 +　　184 −
23 +　　65 −　　107 −　　149 −　　191 −
30 +　　72 −　　114 −　　156 −　　198 −
37 +　　79 +　　121 +　　163 −　　205 +

（3）焦虑：

3 +　　45 +　　87 −　　129 +　　171 +
10 −　　52 +　　94 −　　136 +　　178 +
17 +　　59 +　　101 +　　143 +　　185 +
24 +　　66 −　　108 +　　150 +　　192 +
31 +　　73 +　　115 +　　157 −　　199 +
38 +　　80 +　　122 −　　164 +　　206 +

（4）强迫症：

4 +　　46 +　　88 +　　130 +　　172 +
11 +　　53 +　　95 +　　137 +　　179 +
18 +　　60 +　　102 +　　144 +　　186 +
25 +　　67 +　　109 +　　151 +　　193 +
32 +　　74 +　　116 −　　158 +　　200 +
39 +　　81 +　　123 −　　165 +　　207 +

（5）自主性：

5 −　　47 −　　89 +　　131 +　　173 −
12 +　　54 −　　96 +　　138 +　　180 +
19 +　　61 −　　103 −　　145 −　　187 −
26 −　　68 −　　110 −　　152 −　　194 −
33 +　　75 +　　117 −　　159 −　　201 −
40 −　　82 −　　124 −　　166 −　　208 −

（6）疑心病症：

6 −　　48 +　　90 +　　132 +　　174 +

13 +	55 +	97 +	139 +	181 +
20 +	62 +	104 −	146 +	188 +
27 +	69 +	111 +	153 +	195 +
34 +	76 +	118 +	160 +	202 +
41 +	83 +	125 +	167 −	209 +

（7）负罪感：

7 +	49 +	91 +	133 +	175 +
14 +	56 +	98 +	140 +	182 +
21 +	63 +	105 +	147 −	189 +
28 +	70 −	112 +	154 +	196 +
35 +	77 +	119 +	161 +	203 +
42 +	84 +	126 +	168 +	210 −

关于 7 种分量表得分的解释是：

（1）自卑感。

高分者：对自己及自己的能力充满自信，认为自己是有价值的、有用的，并相信自己是受人欢迎的。这种人非常自爱、不自高自大。

低分者：自我评价低，认为自己不被人喜爱。

（2）抑郁性。

高分者：欢快乐观，情绪状态良好，对自己感到满意，对生活感到满足，与世无争。

低分者：悲观厌世，易灰心，心情抑郁，对自己的生活感到失望，与环境格格不入，感到自己在这个世界上是多余的。

（3）焦虑。

高分者：容易为一些区区小事而烦恼焦虑，对一些可能发生的不幸事件存在着毫无必要的担忧，杞人忧天。

低分者：平静、安详，并且对不合理的恐惧、焦虑有抵抗能力。

（4）强迫症。

高分者：谨小慎微，认真仔细，追求细节的完美，规章严明，沉着稳重，容易因脏污不净、零乱无序而烦恼不安。

低分者：不拘礼仪，随遇而安，不讲究规则、常规、形式、程序。

（5）自主性。

高分者：自主性强，尽情享受自由自在的乐趣，很少依赖别人，凡事自己做主，把自己视为命运的主人，以现实主义的态度去解决自己的问题。

低分者：常缺乏自信心，自认为是命运的牺牲品，易受到周围其他人或事件的摆布，趋附权威。

（6）疑心病症。

高分者：常常抱怨躯体各个部分的不适感，过分关心自己的健康状况，经常要求医生、家人及朋友对自己予以同情。

低分者：很少生病，也不为自己的健康状况担心。

（7）负罪感。

高分者：自责、自卑，常为良心的折磨所烦恼，不考虑自己的行为是否真正应受到道德的谴责。

低分者：很少有惩罚自己或追悔过去行为的倾向。

附录6 意志力测试题

1. 我很喜欢长跑、长途旅行、爬山等活动，并不是我的身体条件适合这些项目，而是因为它们能使我更有毅力。（ ）
    A. 很同意   B. 比较同意   C. 可否之间
    D. 不大同意   E. 不同意

2. 我给自己制订的计划因为主观原因不能如期完成。（ ）
    A. 经常如此   B. 较经常   C. 时有时无
    D. 较少如此   E. 非如此

3. 如果没有特殊原因，我能每天按时起床，不睡懒觉。（ ）
    A. 经常如此   B. 较经常   C. 时有时无
    D. 较少如此   E. 非如此

4. 制订的计划有一定的灵活性，如果完成计划有困难，随时可以改变或取消它。（ ）
    A. 经常如此   B. 较经常   C. 时有时无
    D. 较少如此   E. 非如此

5. 在学习与娱乐发生冲突时，哪怕这种娱乐很有吸引力，我也会马上决定去学习。（ ）
    A. 经常如此   B. 较经常   C. 时有时无
    D. 较少如此   E. 非如此

6. 学习和工作遇到困难时，最好的办法是立即向老师、同学求助。（ ）
    A. 很同意   B. 比较同意   C. 可否之间
    D. 不大同意   E. 不同意

7. 在练长跑觉得跑不动时，咬紧牙关，坚持到底。（ ）
    A. 经常如此   B. 较经常   C. 时有时无
    D. 较少如此   E. 非如此

8. 我因读一本引人入胜的小说而不能按时睡觉。（ ）
    A. 经常如此   B. 较经常   C. 时有时无
    D. 较少如此   E. 非如此

9. 我在做一件应该做的事之前，能想到做与不做的结果而有目的地去做。

（　　）

  A. 经常如此   B. 较经常   C. 时有时无

  D. 较少如此   E. 非如此

  10. 如果对一件事情不感兴趣，那么不管它是什么事情，我的积极性都不高。（　　）

  A. 经常如此   B. 较经常   C. 时有时无

  D. 较少如此   E. 非如此

  11. 当我同时面临一件该做的事情和一件不该做却吸引着我去做的事情时，我经过激烈的斗争，使前者占上风。（　　）

  A. 经常如此   B. 较经常   C. 时有时无

  D. 较少如此   E. 非如此

  12. 我有时躺在床上，下定决心第二天要做一件重要的事情（如突击学习一下外语），但到了第二天，这种劲头就消失了。（　　）

  A. 经常如此   B. 较经常   C. 时有时无

  D. 较少如此   E. 非如此

  13. 我能长时间做一件重要但枯燥无味的事情。（　　）

  A. 经常如此   B. 较经常   C. 时有时无

  D. 较少如此   E. 非如此

  14. 生活中遇到复杂情况时，优柔寡断，举棋不定。（　　）

  A. 经常如此   B. 较经常   C. 时有时无

  D. 较少如此   E. 非如此

  15. 做一件事情之前，我首先想到的是它的重要性，其次才考虑我对它是否感兴趣。（　　）

  A. 经常如此   B. 较经常   C. 时有时无

  D. 较少如此   E. 非如此

  16. 我遇到困难时，希望别人帮我拿主意。（　　）

  A. 经常如此   B. 较经常   C. 时有时无

  D. 较少如此   E. 非如此

  17. 我决定做一件事情时，说做就做，决不拖延、让它落空。（　　）

  A. 经常如此   B. 较经常   C. 时有时无

  D. 较少如此   E. 非如此

  18. 在和别人吵架时，虽然明知不对，我却忍不住说些过头的话，甚至骂对方几句。（　　）

  A. 经常如此   B. 较经常   C. 时有时无

D. 较少如此　　　　　　　E. 非如此

19. 我希望做一个坚强有毅力的人，因为我深信有志者事竟成。（　　）

A. 很同意　　　　　　　B. 比较同意　　　　　　C. 可否之间

D. 不大同意　　　　　　E. 不同意

20. 我相信机遇，好多事实证明，机遇的作用有时大大超过人的努力。（　　）

A. 很同意　　　　　　　B. 比较同意　　　　　　C. 可否之间

D. 不大同意　　　　　　E. 不同意

测试说明如下：

评分标准：凡单序号题（1，3，5，…），每题后面的选项 A 记 5 分，选项 B 记 4 分，选项 C 记 3 分，选项 D 记 2 分，选项 E 记 1 分；凡双序号题（2，4，6，…），每题后面的选项 A 记 1 分，选项 B 记 2 分，选项 C 记 3 分，选项 D 记 2 分，选项 E 记 1 分。请计算自己的总分。

总分为 81~100 分：意志力很坚强。

总分为 61~80 分：意志力较坚强。

总分为 41~60 分：意志力一般。

总分为 21~40 分：意志力较弱。

总分为 0~20 分：意志力很薄弱。

附录 7　决 断 力 测 试 题

测试题一

当遇到困难的时候，你会怎样做？（　）

A. 先自己解决，实在不行再麻烦朋友

B. 无论多么困难，死活不麻烦朋友

C. 第一时间找朋友帮忙

D. 先找朋友帮忙，不行再自行解决

测试说明如下：

选择 A：你的独立性比较强，遇到困难的事情都会先自己解决，不会麻烦朋友。假如实在不 行，朋友会主动帮忙，在朋友心目中你是一个独立坚强的人。

选择 B：你是一个死要面子的人，过分相信自己的能力，无论怎样都不会让朋友看到自己"没 用"的一面。

选择 C：你非常善于利用你的人脉资源，不会每次都找同一个人帮忙，这样一来就不会让人 感觉你总是有麻烦，你是一个聪明的人。

选择 D：你对自己缺乏自信，不相信自己的能力，有朋友在你才感到踏实，没有安全感。

测试题二

1. 在工作中，你愿意（　）。

A. 和别人合作　　　　　B. 不确定　　　　　C. 自己单独进行

2. 在接受困难任务时，你总是（　）。

A. 希望有别人的帮助和指导

B. 不确定

C. 有独立完成的

3. 你希望把你的家庭设计成（　）。

A. 邻里朋友交往活动的一部分

B. 两者之间

C. 拥有其自身活动和娱乐的自己的世界

4. 你解决问题时，多借助于（　）。

A. 和别人展开讨论　　　　B. 两者之间　　　　　C. 个人独立思考

5. 你青春年少时，和异性朋友的交往（ ）。

A. 比别人少　　　　　　　B. 两者之间　　　　　　　C. 较多

6. 再社团活动中你是一个活跃分子吗？（ ）

A. 不是　　　　　　　　　B. 两者之间　　　　　　　C. 是的

7. 当人们指责你古怪、不正常时，你会（ ）。

A. 非常气恼　　　　　　　B. 有些生气　　　　　　　C. 无所谓

8. 到一个陌生的城市找一个陌生的地方，你一般是（ ）。

A. 向人问路　　　　　　　B. 两者之间　　　　　　　C. 自己看地图

9. 在工作中，你是否喜欢独立筹划而不愿受人干涉？（ ）

A. 不是　　　　　　　　　B. 是的　　　　　　　　　C. 两者之间

10. 你的学习多依赖于？（ ）

A. 参加集体讨论　　　　　B. 两者之间　　　　　　　C. 阅读书刊

测试说明如下：

评分标准：以上每题选项 A 记 1 分，选项 B 记 2 分，选项 C 记 3 分。请计算自己的总分。

总分为 15～20 分：你的自立性强，能当机立断。通常能够自己拿主意，独立完成自己的工作计划，不依赖别人，也不受社会舆论的约束。同时，你无意控制和支配别人，不嫌弃别人，但也无须别人的好感。

总分为 11～14 分：你能够在一般性的问题上自己拿主意，并能够独立完成，但对某些高难度的问题常常拿不定主意，需要他人的帮助。

总分为 0～10 分：你依赖性强、随群、附和。通常愿意与别人共同工作，而不愿意独自做事。常常放弃个人主见，附和众议，以取得别人的好感。因为你需要团体的支持以维持自信心，你不是真正的乐群者，应多培养自己的自主性。

附录8 自控能力测试题

1. 遇到令人难堪的事时，你一般是如何处理的？（　　）

A. 心里感到很难受，并且维持很长一段时间

B. 说不清

C. 一笑了之

2. 别人生气的时候你会生气吗？（　　）

　A. 经常会生气　　　　　B. 不一定　　　　　C. 偶尔生气

3. 考核失败了，你会如何表现？（　　）

A. 很消沉，自我埋怨

B. 不一定消沉

C. 静下心来，分析失败的原因，以求下次成功

4. 同别人相比，你通常的性格表现是怎样的？（　　）

　A. 忧郁苦闷的　　　　　B. 说不清　　　　　C. 活泼开的

5. 对自己过去所做的事，你的评价是什么？（　　）

A. 一无是处

B. 说不清

C. 有成功也有失意，但我都能坦然接受

6. 心里不舒服时，你一般采取什么方式处理？（　　）

A. 自己忍受

B. 不知道如何处理

C. 找朋友倾诉或采取其他合理的方式宣泄

7. 你是一个容易紧张的人吗？（　　）

　A. 是　　　　　　　　　B. 说不清　　　　　C. 不是

8. 你是否无缘无故觉得"真是难受"？（　　）

　A. 经常觉得　　　　　B. 偶尔觉得　　　　　C. 很少觉得

9. 你是否有为自己不该做而做了的事、不该说而说了的话而紧张的情况？
（　　）

　A. 经常有　　　　　　B. 偶尔有　　　　　C. 很少有

10. 你容易激动吗？（　　）

A. 容易激动   B. 偶尔激动   C. 很少激动

11. 你常有厌倦之感吗?（   ）

A. 经常有   B. 偶尔有   C. 很少有

12. 面临一个重大的人生选择时,你一般如何处理?（   ）

A. 紧张得不知该怎么办

B. 自作主张

C. 征求别人的意见,以使选择更合适、更完善

13. 别人认为你是一个容易紧张的人吗?（   ）

A. 是   B. 不知道   C. 否

14. 同事之间发生争执,你如何处理?（   ）

A. 帮其中一方说话   B. 任其发展   C. 予以劝解

15. 上级给予你不公正的评价时,你会如何处理?（   ）

A. 公开与之争吵

B. 尽量忍受,但心里很不舒服

C. 不当场发表评论,事后再向他解释

16. 你如何对待做事认真但动作很慢的同事?（   ）

A. 不耐烦   B. 无所谓   C. 可以理解

17. 心情对你的学习、训练有影响吗?（   ）

A. 影响很大   B. 不一定   C. 没有多大影响

18. 遇到一次难堪的经历,对你的影响一般要持续多长时间?（   ）

A. 半年以上   B. 3 个月到半年   C. 3 个月以下

19. 别人发表不同观点时,你一般会如何表现?（   ）

A. 马上反驳   B. 不一定   C. 耐心听其说完

20. 你会经常反思自己的情绪表现吗?（   ）

A. 会   B. 偶尔   C. 不会

测试说明如下:

以上各题中,A 选项记 1 分,B 选项记 2 分,C 选项记 3 分。请计算自己的总分。

总分越高,说明你的情绪自控能力越好;总分越低,说明你在情绪控制方面还要努力或者需要专业人士的指导。

附录9　领导能力测试题

1. 别人拜托你帮忙，你是否很少拒绝？（　）
A. 是　　　　　　　B. 否

2. 为了避免与人发生争执，是否即使你是对的，也不愿发表意见？（　　）
A. 是　　　　　　　B. 否

3. 你遵守一般的法规吗？（　）
A. 是　　　　　　　B. 否

4. 你经常向别人说"抱歉"吗？（　）
A. 是　　　　　　　B. 否

5. 如果有人笑你身上的衣服，你是否会再穿它一次？（　）
A. 是　　　　　　　B. 否

6. 你永远走在时髦的前列吗？（　）
A. 是　　　　　　　B. 否

7. 你曾经穿过好看却不舒服的衣服吗？（　）
A. 是　　　　　　　B. 否

8. 开车或坐车时，你曾经咒骂过别的驾驶者吗？（　）
A. 是　　　　　　　B. 否

9. 你对反应较慢的人是否没有耐心？（　）
A. 是　　　　　　　B. 否

10. 你经常对人发誓吗？（　）
A. 是　　　　　　　B. 否

11. 你经常让对方觉得不如你或比你差劲吗？（　）
A. 是　　　　　　　B. 否

12. 你曾经大力批评过电视上的言论吗？（　）
A. 是　　　　　　　B. 否

13. 如果请的工人事情没有做好，你会有所反应吗？（　）
A. 是　　　　　　　B. 否

14. 你是否习惯于坦白自己的想法，而不考虑后果？（　）
A. 是　　　　　　　B. 否

15. 你是个不轻易忍受别人的人吗？（　　）

A. 是　　　　　　　　B. 否

16. 与人争论时，你总爱争赢吗？（　　）

A. 是　　　　　　　　B. 否

17. 你总是让别人替你做重要的事吗？（　　）

A. 是　　　　　　　　B. 否

18. 你是否喜欢将钱投资在财富上，而胜过于个人成长上？（　　）

A. 是　　　　　　　　B. 否

19. 你是否故意在穿着上吸引他人的注意？（　　）

A. 是　　　　　　　　B. 否

20. 你是否不喜欢标新立异？（　　）

A. 是　　　　　　　　B. 否

测试说明如下：

评分标准：选项 A 记 1 分，选项 B 记 0 分。请计算自己的总分。

总分为 14～20 分：你是个标准的跟随者，不适合领导别人。你喜欢被动地听人指挥。在紧急的情况下，你多半不会主动出头带领群众，但你很愿意跟大家配合。

总分为 7～13 分：你是个介于领导者和跟随者之间的人。你可以随时带头，或指挥别人该怎么做。不过，因为你的个性不够积极，冲劲不足，所以常常是扮演跟随者的角色。

总分为 6 分以下：你是个天生的领导者。你的个性很强，不愿接受别人的指挥。你喜欢指挥别人，如果别人不愿听从的话，你就会变得很叛逆，不肯轻易服从于别人。

附录 10 个性心理测试题

1. 若可以盖一套养老用的房子，你会盖在（ ）。

A. 靠近湖边（8 分）   B. 靠近河边（15 分）

C. 深山内（6 分）   D. 森林里（10 分）

2. 吃西餐最先吃/喝（ ）。

A. 面包（6 分）   B. 肉类（15 分）

C. 沙拉（6 分）   D. 饮料（6 分）

3. 如果节庆日要喝点饮料，你会选择（ ）。

A. 圣诞节和香槟（15 分）   B. 新年喝牛奶（6 分）

C. 情人节喝葡萄酒（1 分）   D. 国庆节喝威士忌（6 分）

4. 你通常在（ ）洗澡。

A. 吃完晚饭后（10 分）   B. 吃完饭前（15 分）

C. 看完电视后（6 分）   D. 上床前（8 分）

5. 如果可以化为天空的一角，你希望自己成为（ ）。

A. 太阳（1 分）   B. 月亮（1 分）

C. 星星（8 分）   D. 云（15 分）

6. 你觉得用红色笔写的"爱"字比用绿色笔写的更能代表真爱吗？（ ）

A. 是（1 分）   B. 否（3 分）

7. 若你选择窗帘的颜色，会选择（ ）。

A. 红色（15 分）   B. 蓝色（6 分）   C. 绿色（6 分）

D. 白色（8 分）   E. 黄色（1 分）   F. 橙色（3 分）

G. 黑色（1 分）   H. 紫色（10 分）

8. 你最喜爱的水果是（ ）。

A. 葡萄（1 分）   B. 水梨（6 分）   C. 橘子（8 分）

D. 香蕉（15 分）   E. 樱桃（3 分）   F. 苹果（10 分）

G. 葡萄柚（8 分）   H. 哈密瓜（6 分）   I. 柿子（3 分）

J. 木瓜（10 分）   K. 凤梨（15 分）

9. 若你是动物，希望是（ ）。

A. 红毛的狮子（15 分）   B. 蓝毛的猫咪（6 分）

C. 绿毛的大象（1分）　　　　　　D. 黄毛的狐狸（6分）

10. 你会为名利权位，刻意讨好上司或朋友吗？（　）

A. 会（3分）　　　　　　　　　B. 不会（1分）

11. 你认为朋友比家人更重要吗？

A. 是（15分）　　　　　　　　　B. 否（6分）

12. 若你是只白蝴蝶，会停留在（　）的花上。

A. 红色（15分）　　　　　　　　B. 粉红色（8分）

C. 黄色（3分）　　　　　　　　　D. 紫色（6分）

13. 假日无聊看电视时，你会选择（　）。

A. 综艺节目（10分）　　　　　　B. 新闻节目（15分）

C. 连续剧（6分）　　　　　　　　D. 体育频道（15分）

E. 电影频道（10分）

请计算自己的总分。

总分超过 100 分：个性开放，觉得助人为快乐之本，安全感也特别强。做事干脆利落，有时会过度激动，但又富有强烈的同情心，令人莫名地想与之亲近。复原力很强，能让人轻易感觉到一股够劲的行动力，和这样的人在一起就像有了一股生命的泉源，不会有想放弃的念头，因为他们总是抱着乐观进取的态度的。

总分为 90~100 分：做事慢条斯理，喜欢思考，喜欢命令别人，讨厌别人反抗与质疑，对外界并没有十足的安全感，不容许自己输给别人。喜爱学习，想让自己成为最好的。达不到目标时，会不分青红皂白地生闷气。

总分为 79~89 分：表达能力强，想象空间大，常胡思乱想而变得多愁善感，容易沉醉在浪漫与甜言蜜语之中，对爱情总是既期待又怕受伤。个性属于优柔寡断型，通常不顾现实只跟着感觉走，让人猜不着其想法与思考逻辑。

总分为 60~78 分：做事总是深思熟虑、考虑再三，谨慎小心，冷静，也是一个容易妥协的人，有时候宁愿自己承受舆论与压力，也不愿说出来，内心缺乏安全感。他们总是认为自己能熬过苦的日子，通常讨厌被束缚，更爱自由。

总分为 40~59 分：不知道该怎么表现自己，可能有"见人说人话"的习惯，并且对外界比较缺乏安全感，其实喜欢人多的时候，只是有时人多会导致慌乱，会因为现实的需要而委屈自己，配合他人，通常会因为得不到满足而受挫折，造成自闭。

总分低于 40 分：喜欢多变、刺激的事物，很有心机并且十分缺乏安全感，做事计划周详，难以被他人揣测，对任何事情都充满企图心，刚愎自用，喜欢表现自己。常追求遥不可及的梦想，造成不平衡的心态，隐瞒自己也欺骗他人。

附录 11 心理健康测试题

下列问题中,每题有 4 个备选答案,请根据你的实际情况选择一个最适合你的答案:A 表示最近一周内出现这种情况的日子不超过一天,B 表示最近一周内有 1~2 天出现这种情况,C 表示最近一周内有 3~4 天出现这种情况,D 表示最近一周内有 5~7 天出现这种情况。

1. 我因一些事而烦恼。( )
2. 胃口不好,不大想吃东西。( )
3. 心里觉得苦闷,难以消除。( )
4. 总觉得自己不如别人。( )
5. 做事时无法集中精力。( )
6. 自觉情绪低沉。( )
7. 做任何事情都觉得费力。( )
8. 觉得前途没有希望。( )
9. 觉得自己的生活是失败的。( )
10. 感到害怕。( )
11. 睡眠不好。( )
12. 高兴不起来。( )
13. 说话比往常少了。( )
14. 感到孤单。( )
15. 人们对我不太友好。( )
16. 觉得生活没有意思。( )
17. 哭泣。( )
18. 感到忧愁。( )
19. 觉得人们不喜欢我。( )
20. 无法继续日常工作。( )

测试说明如下:

每题答 A 记 0 分,答 B 记 1 分,答 C 记 2 分,答 D 记 3 分。各题得分相加,统计总分。总分在 16 分以下,说明你可能有轻度的心理问题,可尝试着进行自我心理咨询;得分在 16 分以上,说明你有较严重的心理问题,这时应考虑到医院进行心理咨询。

　　当人们感到无力应付外界压力的时候，往往会产生消极的情绪，并伴有厌恶、痛苦、羞愧、自卑等情绪体验。对于大多数人来说，情绪困扰只是偶尔出现，历时很短，很快就会消失，但有的人却会经常地、迅速地陷入不良的心理状态而不能自拔。长期的抑郁会使人的身心受到严重损害，使人无法正常工作、学习和生活。在这种情况下，应找专业心理医生进行咨询。